感谢的话

青年人参与游戏，能否投入并接受游戏背后的讯息，关键在带领游戏的工作者及陪伴青少年的导师。

在此，我感谢设计、带领游戏及全心关心学员的导师黄嘉仪，李洁卿，李梁林，梁裕宏，没有他们，这书不能实现。也因着他们的爱心与创意，使关爱青年人的理念能继续延展下去。

盼望书中的生涯规划及关爱青年人的理念，可以延展下去。

邓淑英

青少年心理培训丛书

高级玩家
如何
上心理课

团体活动设计与指导

邓淑英　黄嘉仪　李洁卿　李梁林　梁裕宏 ——— 著

华东师范大学出版社

·上海·

图书在版编目（CIP）数据

高级玩家如何上心理课：团体活动设计与指导/邓淑英等
著.—上海：华东师范大学出版社，2020
（青少年心理培训丛书）
ISBN 978 - 7 - 5760 - 0545 - 5

Ⅰ.①高…　Ⅱ.①邓…　Ⅲ.①青少年心理学
Ⅳ.①B844.2

中国版本图书馆 CIP 数据核字（2020）第 181994 号

青少年心理培训丛书

高级玩家如何上心理课
团体活动设计与指导

著　　者　邓淑英　黄嘉仪　李洁卿　李梁林　梁裕宏
责任编辑　刘　佳
责任校对　樊　慧　邱红穗
装帧设计　刘怡霖

出版发行　华东师范大学出版社
社　　址　上海市中山北路 3663 号　邮编 200062
网　　址　www.ecnupress.com.cn
电　　话　021 - 60821666　行政传真 021 - 62572105
客服电话　021 - 62865537　门市（邮购）电话 021 - 62869887
地　　址　上海市中山北路 3663 号华东师范大学校内先锋路口
网　　店　http://hdsdcbs.tmall.com

印 刷 者　上海华顿书刊印刷有限公司
开　　本　787 毫米 × 1092 毫米　1/16
印　　张　15
插　　页　2
字　　数　197 千字
版　　次　2021 年 1 月第 1 版
印　　次　2025 年 3 月第 8 次
书　　号　ISBN 978 - 7 - 5760 - 0545 - 5
定　　价　48.00 元

出 版 人　王　焰

目　录

推荐序一

谁说新一代的青年人厌倦学习，不思上进，以致在学校及职场上都不断遭遇挫折？

事实上不少青年人是另类的学习者：从体验中学习、从游戏中学习、从群体互动中学习，在有爱心的导师陪伴、指引及解说中领悟做人和做工的道理。

本书为青年人提供另类的学习及成长途径。我阅读这书时分外亲切，因为作者们都是我的同事——关爱青年人、全心全意陪伴他们同行的生命导师。他们的目标明确：与青少年同行，使他们在互动中学习做人、学习工作。

书中很多游戏我都曾经与青年人一同享受过，细看"游戏篇"时勾起我愉快及感动的回忆。青年人在制作瑞恩（Ryan）时，亲情洋溢；"蛋哥"系列充满惊喜；"生命图画"的概念，我也有提供意见。当我尝试"蒙眼夜行"时，心中确实感到战战兢兢，"攀岩"历险叫我在挫折中反省……最兴奋的是看见青年人投入地游戏，从中领悟到一些书本上不能领略的做人道理。

我喜欢看"活动者感言"，青年人分享他们在游戏中的领悟，我亲眼见证其中好几位同学的成长：他们从学校的挫败中重新站起来，重拾信心，一步一步地重整学习心态及能力；最终踏进职场，尽心尽力，兼及关心他人。

今天的青年工作者不单要在生命成长、生涯规划、青年人文化各方面装备自己；如何善用有理念、有趣味、有成效的游戏，让青年人在体验中学习，更是一门必修课。但愿本书成为可操作、可实践的工具，扶助青少年成长并开创自我的天地。

衷心感激我亲爱的同事们为青少年付出的心血和爱心，你们的创作将成为青少年的祝福。

蔡元云

青年发展基金荣誉会长

推荐序二

当突破机构"创路坊"经理邓淑英向我介绍这本游戏书时,我很高兴,脑海中实时浮起不少昔日与 MA(师徒创路学堂)的青年人共同经历的片段;我们一起"玩"、一起"乐",在"游戏"中体验人生,也在"人生"中回味游戏。

书中"蛋哥"与"瑞恩"的游戏系列,让我回想当日 MA 的青年人为了保护"蛋哥"而大喊、欢呼与痛哭的情形;见证那些从来没有做过家务、对生活爱理不理的青年人,如何拿起一针一线认真地缝制他们的"瑞恩"。从"瑞恩"空洞的生命开始,慢慢发掘自己与他人生命中的宝贵价值,造就日后在筋疲力竭时仍不会撇下同伴和"瑞恩"的坚持。这些片段,让我明白青少年可以通过认真的游戏和活动,真真实实地与自己及他人的生命连结,找寻生命成长的快乐和满足。

本书不单提供了游戏工具书籍必须具备的资料,更重要的是提供活动后的解说与经验之谈,清楚指明游戏与青少年成长的关连,更有由青少年受众直接回馈的"活动者感言"。让你和我能更全面地认识、应用及选择适切的内容,为青少年设计既有趣、又能带动生命成长的游戏与活动。

今天青少年与游戏的接触已经受到很多误解与限制,本书不仅能够为"玩乐"平反,也能让青少年透过"玩乐"开创他们的未来。

刘翠屏

师徒创路学堂第二届导师

青草地全人发展中心心理辅导员

前言

漆黑大海中的小灯塔
邓淑英

　　"芬兰没有坏学生,即使最差的学生也很好。"一向以师资培育闻名的约瓦斯其拉大学(University of Jyvaskyla)教育研究所所长瓦里亚维(Jouni Valijarvi)断言:"我们承担不起放弃任何一个人的代价。"我非常欣赏他对教育青年人持积极乐观的看法。不过,在我们多年的青年工作中,除了看到青年人美善可发展的一面,也看到他们幽暗和限制的一面。如何帮助青年人认识自己的幽暗与限制,又同时发挥他们美善可发展的一面呢? 这实在是个费尽思量的课题。

　　教育工作是为培育青年人,现今有很多学校以各种创意方法及形式帮助学生整理学习经验,并尝试将所学应用到生活层面,希望多方面培育青年人。但老师实在太忙了,常自嘲不务正业(不能专心做好自己的教学工作),面对密密麻麻的课节及活动,哪有空间投入青年人的生命培育呢? 就算老师在这方面能投入足够时间,但面对现今社会的多元价值,喜好运用多媒体及追求感官刺激的新一代,教师单单灌输课本知识及进行课外活动,又怎能满足他们探求价值、思考人生方向及建立价值观的需要?

　　盖奇和柏利那(1998)[1](Gage & Berliner)指出,学生学习对自身有意义的题材,才符合他们的内在学习动机和探究精神。灌输式教学由教师直接灌输知识,容易扼杀学生解决困难和发现探究的能力,让学生永远居于被动。

　　人生并非一味读书与升学,著名电影导演李安如何在青年时代找到真我? 原来他从学芭蕾、写小说、练声乐,甚至画素描等学业以外的环节中,找到他一生的梦想。

我们相信能吸引青年人学习的创意教学方法,除了增进知识,也可以帮助他们更容易流露真我,甚至愿意面对导师/老师及其同伴,坦诚分享自我,让他们面对自己生命的幽暗与美善,思考生命的方向,最终寻着人生的目标与梦想。

另类学堂

突破机构创路坊联合商界及教育界,于 2003 至 2008 六年间,举行了五届"师徒创路学堂"计划(Modern Apprenticeship,以下简称 MA),每届为期十个月,设计了大大小小不同的训练活动,以帮助青年人的创路发展。青年人在活动过程中,可以在不具威迫性的学习环境(non-threatening environment)中,得到群体的接纳,提升自尊感。

我们相信活动一方面可以增强学生的学习动机,另一方面可以弥补灌输式教学的不足。整整一年的训练,若只是呆板说教,任谁也捱不过去。MA 主要的服务对象是较难集中精神的活跃小伙子,活动、游戏、互动讨论成了计划中非常重要的部分。但怎样使活动有效能,帮助学员成长而不流于嬉戏?(有关 MA 计划的详情,请参考《创路达人从零开始》。)

转化生命的游戏

活动是否有学习效能,通常取决于当中是否饶富意义及趣味的学习经验,并且在活动过程中及活动后,是否有足够空间与时间做深入而有效的解说(debriefing)。我们尝试让活动设计成"有效能的学习活动"。

活动经验 ＋ 有效的解说 ＝ 有效能的学习活动[2]

我们称这些活动和游戏为"训练",因为我们不单以玩乐形式进行。以一个 15

分钟的热身游戏为例,我们都会拟定一个特定的主题或意义,期望青年人认识相关主题。要达到效果就得靠训练后的解说了,青年人可以从解说中,在轻松的气氛下学习,掌握训练背后的意义。因此导师的解说技巧及能力成为青年人从游戏中学习的重要元素。

一般而言,在活动设计上,我们通常以系列形式进行,使青年人能由浅入深认识该主题。我们也尝试运用具有象征意味的东西,如蛋、人形画等,串连不同的活动及游戏,使青年人从不同角度明白同一主题。

重视感受是这个时代的特色,英国人本主义教育家尼尔(A. S. Neill)(夏山学校创办人)指出[3],传统教育制度,比较容易使人的知识和感情分离发展,学生即使学识丰富,但对人生的看法却十分幼稚,他们只被教导去"了解"而非"感受"。MA的活动设计则尝试增强青年人的感受:他们在活动中笑过、哭过、无奈过、辛苦过、雀跃过、兴奋过、焦虑过……也在不知不觉中将自己的真实感受投射其中。这些丰富的感受可以引发他们对成长的反思,当他们将活动的内容意义与生活连结反思时,生命的转化就在那里开始。

有效能的学习

教育统筹局全方位学习组将优质的学习经历有系统地分成两部分,"学习"的效能及"过程经历"的效能。[4] 我们设计活动时,也会考虑以下两方面:

"学习"的效能

· 引导性的学习——青年人是否能够清晰掌握活动的目标及意图,活动有完善安排并有清晰指示?

· 多感官刺激的学习——活动能否善用环境,增加专注力,增加青年人与他们生活周围环境的互动接触,平衡视觉、听觉及触觉的成分?

- 协作学习——青年人能否有效协作，建立良好的行为管理，导师与群体是否有互相信任和合作的机会？

- 肩负学习的责任——活动能否鼓励青年人肩负自己的学习责任？能否让青年人表达意见，增加他们选择的机会及参与？

- 学会学习——在活动过程中能否帮助青年人学会怎样学习？在真实环境中，容许青年人了解、试验自己的学习模式及技巧（如解难、创作等）吗？青年人有机会得到清晰的回馈从而做有效反思吗？

"过程经历"的效能

- 愉快的经历——这些活动经验能令青年人感到愉快和满足吗？

- 合理难度挑战的经历——活动能配合青年人本身的技能吗？若他们的技能低而活动难度高，青年人会感到焦虑；但当青年人技能高而活动难度低，他们就会觉得沉闷。

我们重视青年人在过程中"学习"效能有没有提升、是否愉快满足、活动是否符合他们的程度。活动之所以有效能，取决于它是否能引导青年人成长，对他们是否有长久的影响力。

关于本书

本书结集 MA 整个计划的训练，归纳成不同主题，让读者较容易掌握各训练之间的联系。部分训练可灵活安放于不同的篇章及系列中，取决于解说的角度而产生不同效果。我们希望青年工作者或老师有系统地选取不同材料，为不同处境青年人的创路成长提供适切的训练，让他们打好基础，揭开人生新的一页，这是我们的心愿，也可以发挥出"各自的精彩"。

承担生命工程是一条漫漫长路，青年人不仅是我们的服务对象，也是我们的同事、伙伴、社会未来的领袖。作为青年工作者，我们的角色只是茫茫漆黑大海中的一座小灯塔,引导青年人寻找自己的路向。我们期望有更多的灯塔,一起点亮漆黑的海洋,照亮青年人的路。

注释

1 Gage, N. L. , & Berliner, D. C. *Educational Psychology* (6th ed). Boston: Houghton Mifflin, 1998.

2 邓淑英、麦淑华:《成长体验 Debriefing》,香港:突破出版社,2006 年。

3 A. S. Neill 著,王克难译:《夏山学校》,台北:远流出版公司,2000 年。

4 教育统筹局"优质的全方位学习经历"http://cd1. edb. hkedcity. net/cd/lwl/QF/03_chi_frame05. html, 10 March 2010.

理论篇

为了青少年的积极成长

黄嘉仪

从学校到工作

由学校过渡至工作几乎是每个青年人必经的成长历程,可惜香港社会在这方面的支持似乎不多,当中以 15—19 岁刚离校的青年人尤其被忽视。根据香港政府统计处公布的数字,15—19 岁青年人的失业率,由 2008 年 4 月的8.9％急剧增加至 2010 年 5 月的 18.9％。这群离校的青年人,在会考"失手"辍学,学历明显未达到社会要求;投身职场都离不开从事快餐店、零售业等低技术服务性行业。[1] 由于年纪与心智不成熟,在待人处事上未必能妥善处理,所以对雇主来说,他们成了学历低、技术低、可雇性(employability)也低的职场弱势群体。

近年香港政府开设"展翅计划"和"青少年见习就业计划",期望增加 15—19岁青少年的就业机会;加上"生涯规划"的概念渐渐普及,新高中课程引入职业导向教育,务求全面提升青年人投入职场的适应能力。可是各种训练计划,着眼点都是工作的实务技能,未必能顾及到青年人的人生价值观或态度的建立。参与训练的学员可能掌握到实际的工作技能,但他们的工作态度、人际相处、个人责任感等都未必得到足够的培育。

从做人到做工

MA 作为职前创路课程,目的是为低成就青年人提供全人培育,装备他们为个人前途创路;同时期望能试验一个由学校过渡至工作的新学习机制。

在 110 位参加课程的青年人中,大部分均能在训练过程中得到启发,引发他们继续寻索自己的人生方向。个别青年人不仅找到职业方向,甚至找到自己生命的意义,带来全人改变。当然也有部分完成课程后仍然一片迷惘,对继续升学亦或投身职场,还未确立清晰的方向。不论青年人的状态如何,他们或多或少在性情上、待人处事上都有一些转变,这些转变正切合 MA"先学做人,再学做工"的理念。

MA 着重"人"多于"工"。对这群低成就或低学历的青少年而言,职业技能训练只是外在的装备,要让这些技能维持及延续,启发青少年的内在动机是非常重要的一环。而启发内在动机,则不得不从"人"的培育入手。

计划理念

MA 的计划理念及训练设计是参照社会认知事业发展理论(Social Cognitive Career Theory,Lent,Hackett,and Brown,1999)发展出来的。理论指出,人的兴趣、发展目标与行动三者关系密切,而这三者又受个人的学习经验、自我效能感及预计成果的影响(如图 1)。自我效能感(self-efficacy)及预计成果(outcome expectation)一同孕育一个人的学习兴趣,学习兴趣会增加参与相关活动的机会率;然后个人会慢慢将兴趣收窄,发展出一个较明确的方向,逐渐建立起个人的长远发展目标,目标会导向相应行动。由于行动是这个人的兴趣与目标所在,以至相关的正面成功经验会随之增加,形成一个回馈循环(feedback loop),让个人不断从经验中检讨及学习,改善这个人的表现与成就,更臻完善,如图 1 所示。

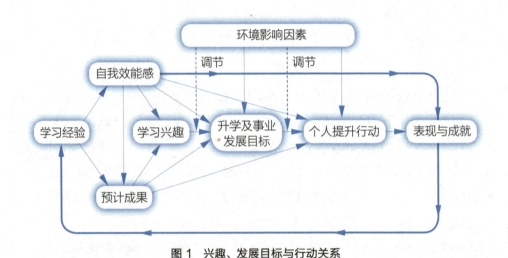

图 1　兴趣、发展目标与行动关系

　　我们将上述学习循环落实到 MA 的训练中,分阶段实践这套理论的内涵。

　　MA 是一个倡导个人成长的训练,我们相信每个青年人均有美丽却隐藏了的真我,因此训练首要发掘他们的潜藏特质,加以肯定及培育,让他们成为一颗颗闪耀的美钻。在十个月的训练中,青年人必须经历一个由发现自己到工作体现的过程。过程中,有三个非常重要的阶段:修复——自我效能感,提升——预计成果,实践——升学及事业发展目标,如图 2 所示。

修复与自我效能感

　　修复(remediation)就是要帮助青年人建立较完整的"我"的概念,修复自我层面,重新认识、发现自我,然后知道区别自我(self differentiation)的独特性,最终找

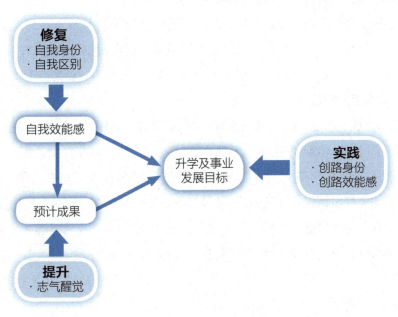

图2　个人成长的训练路径

到自己的独有身份(self identity)。这样他们对"我"、自我能力、能力判断,都有较切合现实的理解与掌握,提升自我效能感,就是个人对自我能力的掌握,对个人行为或能力上的判断,这个过程正符合社会认知事业发展理论中自我效能感的理念。

MA作为"另类学堂",训练过程运用了指令任务(command tasks)、经验活动(experiential activity)、问题解难(problem solving)等,让学习变得有趣味及生活化。这些训练活动最重要是为青少年缔造了"我可以"的成功经验,期望这些经验能成为引线,点燃青少年潜藏已久的能耐,给他们正面和建设性的意义,凝聚成创路前行的动力。

我们相信个人的成长经历是一个人的根基,若这根基埋藏着负面情感,容易造成裂痕。面对压力时,这些裂痕是最大的致命伤,小则动摇建构在上面的自己;大则把"自我"摧毁,跌得粉碎。因此,我们相信在修复的过程中,青年人必须寻回自己的天赋能力及兴趣,最终提升自我效能感。

在接触这群低学历、低成就的青少年时,我们发现他们大部分缺乏自信心,语言能力及人际技巧薄弱,对自己的想法及行为不太清晰,面对生活及前路显得无力及无目标。整体而言,他们认为自己比别人差,能够找到一份工作糊口已经很满足了,根本没有前途可言。

我们尝试以"修复"作为训练的起点。不期望能完全抚平他们过往在学校、家庭、朋辈间的伤痕,但期望他们认识、明白、建立自己,最终提升自我效能感。若没有经过修复历程,他们建立的自我效能感、"我可以"的感受不过是短暂的、虚假的。只有他们真实认识自己的爱恶,分辨哪些是父母的期望、哪些是自己的期望,才能建立真正属于自己的身份。有了这个身份,所建立的自我效能感才真实及持久。青年人唯有修复自我,才能寻回自我,预备进入"提升"阶段。

提升与预计成果

经过修复阶段,青年人的自我身份意识已被强化,也建立了一定程度的自我效能感;此时进入"提升"(inspiration)阶段,有助于自我效能感的持续发展,进一步巩固他们的身份意识(sense of identity)。当青年人在"修复"阶段,开始修复自我时,我们期望到这个阶段他们能提升个人能力及自我价值,产生积极进取的志气(aspiration awakening);包括提升他们对未来的期盼,引发开创未来的动机。这个过程与社会认知事业发展理论中的"预计成果"吻合,当人建立自我效能感后,就敢于为个人发展的成果做某程度的预测,敢于想象将来。"提升"阶段便可以帮助青年人对自我有要求,修补从前破落的自我形象,成为一个站立得稳、渐渐成形的"人"。

如前所述,大部分低学历、低成就的青年人都因为学业成绩不理想,长期感到被贬低,以至于自信心偏低,甚至不信任自己:不相信自己可以有梦想、有能力去达成梦想、可以改变他人对自己的印象;他们预计自己做事的结果多是负面的,以为自己做不来或不可能完成任务,更不用说订下人生目标。

提升阶段的训练会强化青年人的信念，改变他们过往的思考模式、生活习惯及情绪表达方式，建立及培养健康的身心灵，让他们在认知层面察觉自己是可以改变的，从而引发他们前行的内在动机。当他们能改变生活习惯及思考模式，获得"我可以"的成功经验及正面信息时，就能建立他们的内在动机，并提升对自我的预计成果。

实践与发展目标

在"实践"（practice）阶段，我们会帮助学生订立及实践目标，建立他们的创路身份（vocational identity）。创路身份不仅指从事哪一种工作或"做好一份工作"的单一概念；而是青年人对自己人生方向的掌握，愿意承担前路各种风险与责任，做每个选择都朝着自己的人生方向迈进。我们会安排青年人进入真实的工作场景实习，让他们对工作世界有较深入及真实的认识，从中体验因个人的参与、介入而出现的相应变化。青年人在最后的训练阶段达到创路体现（vocational realization）——开始明白个人的行为与工作场景及人生目标的关系，懂得为自己的行为负责、为未来及人生订立长远目标。这与社会认知事业发展理论中由"升学及事业发展目标"到"表现与成就"的发展效果互相配合。

在这个阶段，动机是非常重要的推动力；没有动机，青年人容易重回昔日那种目光短浅的生活模式。目标要有行动配合才能达成，我们在训练过程中不断要求青年人订立短期及长期目标，从而建立青年人订立目标的习惯及朝向目标前行的动力；当他们在工作实习、毕业设计等训练中发现目标与现实有距离时，就不断检讨、不断修正，使目标更贴近内在动机及信念；有时甚至要大大修改个人的内在信念，使其变得更确实、更具体，然后才能继续前行。

在实践过程中，青年人经历不同的学习经验，这些经验会在不同的程度上提升他们的自我效能感/创路效能感，将他们的预计成果推向更实在更能实行的层次。这种由修复到提升再到实践，实践后再进一步修复、提升、实践的过程，形成循环，持续强化青年人的内在动机，推动他们的创路历程。

写给活动带领者

　　MA一直强调"先学做人，再学做工"，人的素质是我们培育的重点，工作者的个人生命素质同样非常重要。近年社会福利界在人才吸纳上有一些转变，为提升青少年的就业率，一般青年中心都增设"青年大使"、"活动助理"等职位。这些职位原意是让社工在带领活动时有足够的人力支持，也让一群有志投身助人行业的青少年能亲身体验。

　　有部分"活动助理"若已有一定活动带领的经验，甚至会被委派带领小组活动。带领活动虽说不上是很专业的工作，但有些活动助理实在太年轻，才刚离开校园，心性还未发展稳妥，可能会影响活动的效能，使参与者的收获大打折扣，有活动助理甚至与参加者发生感情，造成一些不必要的麻烦。

　　有些活动带领者只专注于活动带领技巧，努力营造活动的气氛热闹好玩，务求令参加者尽兴而归，但却忽略了活动背后的信息传递。以参与者角度来评论，当然期望活动好玩、指示清晰；然而，活动缺乏了信息的渗透及传递，则与一般集体游戏没有区别。另外有些活动带领者没有认真思考活动可引申的信息及意义，只简单总结为沟通技巧或人际合作等较显浅的主题，浪费了参加者在游戏中的丰富经验。

　　不管是哪类型活动，带领的技巧都很重要；指示清晰、气氛控制等都影响参加者能否获得良好的学习经验，良好的学习经验能流畅地带出活动背后的信息。"游戏"或"活动"只是辅助工具，能够借此转化成活生生的学习经验，其实与工作者个人的生命内涵大大相关。因此工作者的个人价值观及对生命的态度，便成为影响活动信息的重要元素。青年工作者本身也必须经历修复、提升、实践这三个历程，重新检视自己的生命。只有不断反省、持续成长的生命，才可以陪伴及激励青少年成长。生命同行拼凑出的支持与承托，总比单纯一个体验活动来得真实及持久。体验活动与工作者的生命应该相辅相成，让青年人从活动的经历中建立生命，并从工作者的身教中目睹生命的真实。

青少年不是在寻找一些完美无瑕的导师,他们要目睹一些对生命投入、对青少年有信心、有爱心、有盼望的同行者。[2]

注释

1 崔志晖:《青年职前综合培训计划:展翅计划研究调查》,香港:香港社会服务联会研究部,2000 年。

2 蔡元云:《一个都不能少》,香港:突破出版社,2005 年,第 216 页。

游戏篇

第一章　自我认知——发现我的人格之旅

本章导读

　　很多人认为青年人创路之难，在于前无去路，内在又"缺乏本钱"，不知何去何从；事实上，最常被忽略的是他们那些缠绕不清的成长经历。创路的首要课题，是引导他们整理"过去"。"自我成长"是 MA 计划的开始部分，我们先用"点题活动"引发青年人展开自我探索的动机，接着他们会透过"主题活动"进入整理自我的旅程。到了"总结活动"，我们会协助他们将之前的活动体验以正面及积极的角度沉淀和内化，成为未来创路旅程上个人及群体的自助和互助力量。

第一环节 点题活动

点题活动介绍

　　不论是参与长期或短期计划,任何人初进入时都必须要适应,以自我成长为主题的活动,更要热身和"热心"。点题活动目的是让青年人先适应环境及群体,有助于投入活动,然后展开探索个人内心的旅程。以下几个点题活动都曾在 MA 举行,如果青年人对自我认识的课题已有心理准备,工作者可以将部分点题活动调整成帮助青年人深入反思的主题活动。

活动一: 半红不黑

目的: 让青年人检视自己一些好与坏的生活习惯,明白习惯不但影响日常生活,更会影响将来的人生。

人数: 10 人(人越多越好玩)

时间: 25 分钟

地点: 室内

物资: ・ 每人 5 张红色及黑色小卡片(若书写困难,可改用深灰色卡片)

　　　　・ 每人 1 支笔

流程: 1. 分发物资,请各人在卡片上写上对自己生活习惯满意及不满意的地方各 5 项。

　　　　(注意:红色卡写满意的,黑色卡写不满意的,每张卡只写 1 项)

　　　　2. 在指定时间内,以猜拳方式交换手上的红、黑卡,交换原则:

  · 胜方获得主动权,可以用自己手中任意 1 张卡换取对方任何 1 张

  · 不能拒绝与人猜拳

  · 不能与同一人连续猜拳

解说: **事实**

  · 猜拳过程中有没有深刻的片段?

  · 有没有定下猜拳及换卡的对策?

  · 当前手上的卡跟开始时有何不同? 满意吗? 为什么?

  感受

  · 你对哪张卡最满意/不满意? 你得到/被换走了哪张卡? 为什么?

  · 如果手上 5 张卡在同一人身上出现? 你对他有何感觉?

  发现

  · 若你是"卡中人",对你未来创路有什么影响?

  · 现实生活中的你与这"卡中人"的处境有何相似之处?

  未来

  · 现实生活中,你期望改变你卡上写的内容(生活习惯)吗? 包括哪些项目? 要有什么行动才能改变?

经验之谈:

· 有时青年人刻意抽取黑色纸卡,可能因为他们爱唱反调,或以为自己没有条件做得好。其实他们并非刻意将坏习惯当成好习惯,他们心里对事物也有正向的价值观,只是内心有时会出现矛盾,工作者要好好观察及体会。

· 活动中我们常请青年人分享:"如果你手上 5 张卡在同一人身上出现,你对他有何感觉?"其实这类假设性提问是要引导他们思考"未来",带着这些习惯,将来会变成怎样? 有时他们自己的感受也能彼此劝勉,例如曾有青年人评论其他人,打趣说若拥有这些习惯,必然前途尽毁,这的确引发他人反省。

· 活动选取的主题可以按需要改变,例如:

1. 性格或对自己的评价(正面和负面)

若以这个作为主题,解说问题会强调猜拳的过程与他成长过程相似的地方,因为成长历程中青年人多是"猜输"(被动的角色),经常要接受不喜爱的卡(负面评价),久而久之都认为自己就是一个这样的人,对自我作出负面评价。

2. 对未来职业的要求(喜爱和抗拒)

引发他们思考对不同职业的期望,如果随意找一份不喜欢的工作会带来什么后果?

3. 估计自己会出现的工作态度(理想和不理想)

引导他们思考工作态度与个人生活习惯和价值观的关系。

4. 对工作表现的期望(最想得到和最怕听到)

了解自己对工作的价值观,以及自己预备如何达到目标。

5. 聪明的你,请按你想讨论的主题自由发挥。

活动二： 猜感受

目的： 让青年人追溯自己的成长过程，今天的我是如何被塑造出来的？我是否理解自己的真正感受和渴望。

人数： 10 人以上（人越多，越热闹、越开心、越投入、越兴奋）

时间： 30 分钟

地点： 室内

物资： 写上不同形容词、单字或状态的卡片，例如：有信心、得意、失败、傻、无药可救、赞、棒、正、邪……每人 5 张

流程：
1. 发卡片：先给每人随意发 1 张卡片。
2. 说卡片：邀请他们用卡片上的字作自我介绍。（根据时间选择介绍方式，若人数不多，可以轮流介绍，否则可以抽样访问，或者二人一组互相介绍，然后每组推选最有启发性的公开分享）
3. 再发卡片：再给每人随意多发 4 张卡片。
4. 问卡片：询问他们，假如这些形容都属于你，你喜欢吗？（抽样访问）
5. 猜卡片：给大家 3 分钟，以猜拳方式交换 1 张手上的卡片，胜方决定以自己任何 1 张交换输方任何 1 张。（若时间允许，"问卡片"及"猜卡片"可以重复进行）

解说： 事实
· 如果 10 分是最满意，你是否满意自己手上卡片的改变？为什么？
· 过程中有什么深刻的遭遇？有哪些卡是你想留但留不住，或想丢掉但丢不掉的？

感受
· 你对以上两项有什么感受？例如：当别人拿走你最喜欢的卡片时有何感受和反应？面对老送不走的卡片，又有什么感觉？

发现
· 若将猜卡片的过程比作成长历程，身边的家人、师长或朋友都给你不同

卡片(评价),你满意这些卡片吗? 活动过程与成长历程有没有相似之处?

· 成长过程中,谁给你卡片最多? 正面较多还是负面较多?

· 请分享你成长过程中接收过什么喜欢或不喜欢的卡片?

· 收下不喜欢的卡片时,你通常有什么响应?

未来

· 你希望向哪些人退回哪一张卡(评价)?

· 将来你期望得到什么评价? 需要采取什么行动?

经验之谈:

· 不妨花点心思设计卡上的字句,一些模棱两可或有趣的字句会提高青年人的好奇心,使他们更投入活动,例如"绝"、"奇"、"通"、"好运"、"该死"、"爆"等。

· 留意他们猜卡时的反应,在解说或公开访问时,可透过他们的活动表现,引出对现实生活状态的反思,例如主动猜拳代表他期待改变,态度积极;反应被动有可能反映他心底没有改变的动机;小圈子式猜拳反映他们不愿踏出安全区,去探索外面的世界与其他的人生状态,生命的发展就这样自我限制了。

· 一般情况下,工作者也会一同参与,主动邀请表现消极或被动的青年人参与,鼓励他们投入活动。

· 有时我们会增加"你是不是老板?"(请参阅第 180 页),目的是让青年人明白,既要把握时间预备自己,也要放眼世界,才能把握创路旅程上随时出现的机遇。过去有些青年人只顾猜拳,其他人已差不多排好队等待面试,仍懵然不知;或是成功排在前头,但满手令人惨不忍睹的负面卡,这些变项使活动更刺激,也更发人深省。

活动三： 回忆年少时光

目的： 让青年人明白童年经历会不知不觉影响今天待人处事的价值观。

人数： 10 人（人越多越好玩）

时间： 25 分钟

地点： 室内

物资： "年少时光"工作纸和笔

流程： 1. 派发工作纸及笔。

2. 主持人请青年人按工作纸上提示填写。

3. 在指定时间内寻找与自己经历相同的人，并互相在该方格上签名。（每格签名人数不限）

4. 主持人带领大家分享。

解说： **事实**

· 哪一项是你最快/难想起来的？

· 哪一项得到最多/少人签名？

· 哪一项最深刻或最奇特？

感受

· 以上"事实"给你什么感受？

· 哪一项令你当时感到最喜、怒、哀、惧、成功或失败？原因是？

发现

· 是否发现你今天一些待人处事的态度和价值观，跟工作纸上描述的相似？从什么时候开始建立起来的？

· 哪一项最影响你？是事件本身还是相关的人物？为什么？

未来

· 你期望如何处理这些回忆？（忘记、保留、改写……）

· 你渴望改变这些给你负面感受的片段吗？如何改变？

· 假如那个影响你的人在面前，你会跟他说什么？

经验之谈：

· 找人签名前，先在自己的工作纸上写名字，因为工作纸容易在混乱的签名过程中失散。

· 工作纸内的项目或主题可按你的需要更改，目的是追溯回忆带给自己的喜、怒、哀、惧、成功或失败感受，主题建议：

1. 家庭：成员人数，兄弟姊妹人数及次序，谁在家中更有话语权，最珍贵的财产，爱吃什么……

2. 校园：校服颜色、学校地区、读过的班别、最喜欢或不喜欢的科目、功过记录、在校担任职务、曾考取最高和最低的名次、最可怕的校规、午餐喜欢吃什么、对老师的印象……

3. 一般互相认识：姓氏、居住区域、居住楼层、出生日期、绰号、喜爱的颜色、食物、爱好、运动、歌曲或电影、个人特长……

工作纸：**年少时光**

别人最喜欢最不喜欢我的是……

最光荣的一次是……

兄弟姐妹中排行第……

最喜欢人夸奖我……最不喜欢人说我……

最深刻的家规是……

最喜欢玩……

我的小名……

最难忘的一件事……

我的梦想是……

活动四： 人物·时间·地点·感叹号！

目的： 青年人借回忆小时候到现在与家人的关系，了解家庭对自我塑造的重要和影响。

人数： 不少于 10 人

时间： 25 分钟

地点： 不限（如在室外请备好扬声器）

物资： 自备 1 张小时候的生活照

流程： 1. 各自拿着生活照，按主持人指示组合各人的相片（以相片内容为组合对象），然后按组合汇报，组合建议如下：

相片中出现相同的人物（家人、朋友、同学……或者只有自己）/相同的时间（季节、早、午或晚、周末、周日或节日……）/相同的地点（家中、公园、学校、酒楼……）/相同的感叹语（自己对相片的感觉，例如"噢……真幸福！""哇……味道好极了！""唉……好辛苦！"等）

2. 可以多次组合，以最后一次组合选出组中"我们最满意的终极组合"，组合主题当然是"人物、时间、地点、感叹号"，然后每组逐一介绍。

解说： **事实**

· 分享相片内容。为什么选择分享这张相片？

感受

· 还记得当时的感受吗？此刻重温这片段有什么感觉？

发现

· 与相片中群体的关系有没有改变？为什么有/没有？

· 相片内的群体/记录的事情对你有什么影响/意义/体会？

未来

· 期望相片中的情境再次发生吗？为什么？怎样才能让这情境再次发生？

经验之谈：

· 这活动着重气氛，若作为点题活动，时间不能太长，可以分小组，组员按主持人读出的主题分享相片中的"人物、时间、地点、感叹号"，然后开始"我们最满意的终极组合"及逐一汇报。

· 青年人拣选的相片，都是他们最重视的人物及片段，这是你认识他的好时机。

第二环节 主题活动

题活动介绍

　　成长，由生命许多点点滴滴连结而成，然后汇聚成今天立体的自己。经过点题活动的热身后，青年人在心态与状态上做好准备，正式进入探索自我的历程。我们在这阶段会协助青年人重组成长历程，在其中发现真正的"我"及内在的潜能、渴望与梦想。

　　根据青年人的不同特性，我们构思了三项不同的活动：蛋哥系列、人形画系列及瑞恩系列。蛋哥系列主要透过群体互动来认识自我；人形画系列则以家庭为主线，了解自我塑造的历史；至于瑞恩系列则以个人的自我价值概念作为重点。

　　蛋哥系列的活动以团队任务为主，有助整个群体及小组破冰以及团队建立，也可以较全面呈现出青年人的素质。我们将它放在初期进行，小组组员间凝聚紧密及建立信任后，有助于提升人形画系列的效果。到计划中期，青年人渐渐懂得以正面、客观及欣赏的角度整理自己的过去，我们便会加入瑞恩系列，让他们学习跟自己相处、接纳自我、欣赏自我及珍惜生命。

活动一： 蛋哥系列

顾名思义,蛋哥系列是一连串环绕鸡蛋而设计的活动。鸡蛋的特性是脆弱易碎,必须要小心保护。单独一只是站不稳的,但透过群体彼此扶持、珍惜和承托,一堆鸡蛋都可以"站"起来。相反,若群体间互不相让或互相硬碰,只会两败俱伤。故此我们以"蛋哥"让青年人经历生命的成长和群体间的互动。蛋哥系列分三个进程:首先是群体认识:"一个蛋哥的诞生",让青年人互相认识,培养归属感;然后是群体体验:"蛋哥历险巡礼",通过不同的团队活动建立个人及群体的效能感和个人对创路的乐观感;最后是群体凝聚:"给蛋哥五星级的家",巩固群体的归属感。

一个蛋哥的诞生

目的： 透过蛋哥互相认识，了解对同伴及小组的期望，同时让工作者了解青年人对自我的看法。

人数： 1 组人，人数不限

时间： 包括各人的自我介绍在内总时长约 30 分钟

地点： 室内

物资：
- 每人 1 个鸡蛋
- 圆珠笔和不同颜色的笔
- 蛋哥日记工作纸

流程：
1. 每人领到鸡蛋 1 个、圆珠笔及不同颜色的笔。
2. 各人为蛋哥画上代表自己的表情面貌、特征以及特质。
3. 派发蛋哥日记，各人写上为蛋哥设计的姓名、绰号、家庭背景、性格能力强弱及口头禅，互相介绍。

解说： **事实**
- 哪一位蛋哥令你印象最深刻？
- 哪一位蛋哥跟你认识的人相似？

感受
- 看着这群／一只蛋哥，感觉如何？

发现
- 蛋哥／蛋哥群有没有跟自己现实生活相似的地方？

未来
- 你对这群蛋哥（即这个群体）有什么期望？
- 你期望以什么方式与这群蛋哥（即这个群体）共处？

经验之谈：
- 到了小组阶段，工作者要抖擞精神，用眼和耳去接收和感受青年人透过文字、绘画、说话及身体语言流露的内心价值、想法和状态，例如哪一项最快写好，可能代表他们对这项有强烈感受；他们绘制在蛋哥上的特征，多数是自己最深刻的部分。工作者也要留意他们选用的颜色及分享时的语气，那其实反映了他们的内心世界，是正能量多还是创伤多；对某些内容的表达态度，可能透露了他们成长时的某些经验。

工作纸：蛋哥日记

蛋哥历险巡礼之

蛋哥飞越黄河

在五星级家里……

蛋哥的感受是……

蛋哥历险巡礼之

蛋哥撞地球

历险巡礼后……

蛋哥觉得自己……

姓名：
化名：
家庭背景：
性格能力强弱：
口头禅：

蛋哥历险巡礼之

蛋哥越矿飞车

一个蛋哥的诞生

蛋哥历险巡礼之

蛋哥游乐场

蛋哥历险巡礼

目的：通过不同活动让青年人发掘个人潜能，建立自我认知及群体感知。

人数：一组人，多少人一组？你有权决定！

时间：各活动约 45 分钟至 1 小时

蛋哥游乐场

地点：室内，对蛋哥较为安全

物资：· 各人的蛋哥及蛋哥日记

　　　　· 每组 1 卷胶带纸、大量报纸

　　　　· 1 条 1.5 米的长绳子

流程：1. 每组派发适量报纸、胶带。

　　　　2. 各组限时（例如 25 分钟）运用以上材料，在主持人安排的活动范围里制作 1 道至少 1.5 米高的滑梯，让全组蛋哥逐一滑落地面。

　　　　3. 制作期间，所有材料及蛋哥必须摆放在指定范围，否则材料及蛋哥将被没收，这是让青年人体会要珍惜宝贵资源，若有组员离开范围则立刻停止活动，送到"冷静区"冷静 5 分钟。

　　　　4. 制作完成后，主持人用绳子量每组滑梯的高度（过程中各组也可以借用绳子量高度）。

　　　　5. 每组组员轮流向蛋哥说 1 句话，之后亲自进行"下降仪式"。

蛋哥越矿飞车

地点：室外较宽敞的高处地方

物资：· 各人的蛋哥及蛋哥日记

　　　　· 各组一条粗绳及一个小胶桶

流程：各组在高处集合，将全组蛋哥放入塑料桶，在指定时间用绳将塑料桶由高处运送到低处。

蛋哥撞地球

地点： 室外或室内

物资： · 各人的蛋哥及蛋哥日记

· 报纸，大胶带纸 1 卷，小胶带纸 1 卷（由主持人自由发挥，可以用气球、碎布）

流程： 1. 各组以报纸及胶带纸将终点设计为"蛋哥安全区"，作为稍后蛋哥"空降"着陆时，或抵达终点的"安身之所"。

2. 完成后组员用大会提供的物资为蛋哥制作安全罩，然后将它抛到安全区（可以由高处抛向低处，或由起点抛向 2 米以外的目标点），主持人访问及鼓励组员在抛掷前跟蛋哥说 1 句话，这样有助于他与蛋哥（代表他自己）及团队建立关系。

3. 下降的高度或抛掷的距离可按主持人指示及场地大小自由决定。

蛋哥飞越黄河

地点： 室外

物资： · 各人的蛋哥及蛋哥日记，每人 1 个眼罩

· 木砖（数量为人数总和减去 1）

流程： 1. 全组携带蛋哥同时以踩木砖方式由起点走到终点，过程中不准说话。

2. 若有组员说话，或组员身体任何一部分或蛋哥着地，要安排该组员戴上眼罩进行活动，若全组决定回到起点从头开始，可以摘除眼罩。

蛋哥拯救行动

地点： 室内或室外(场地上用胶带纸贴上两条中间相隔约 1.5 米的平衡线,每条线长约 1.75 米)

物资： 各人的蛋哥及蛋哥日记

流程： 1. 全组人站成一条线并面向蛋哥,蛋哥则放在另一条线后。

2. 组员须亲自取回对岸的蛋哥,限制：

  · 全组人必须留在线后不能离开此范围,不能接触两条线中间的 1.5 米距离

  · 为确保安全,所有人要将手表、手镯、戒指等饰物或铭牌除下

3. 若以手握手方式支援组员的话,请以手腕扣手腕、手指扣手指的方式对握。

当蛋哥遇上面条

地点： 室外、室内,甚至走廊,总之容许人走一段距离的地方

物资： · 各人的蛋哥及蛋哥日记

  · 约 1.75 米长的海棉棒(noodle),每人 1 支

  · 塑料桶、乒乓球及高尔夫球,每组各 1 个

流程： 1. 组员用海棉棒以接龙形式将乒乓球及高尔夫球由起点运送到终点的塑料桶内。(若没有海绵棒,可用报纸、一般白纸,甚至请组员用自己身上的物资制成棒子均可,玩法及原则维持不变)

2. 全程不能用手接触乒乓球及高尔夫球,若途中有人触球或球坠地,便要返回起点重新开始运送。

3. 运送乒乓球、高尔夫球皆为热身活动,终极任务是将全组的蛋哥逐一运送到目的地。(若时间不足,可以只运送蛋哥或指派几只蛋哥作为代表完成任务,派代表的好处是为团队提供沟通机会)

解说(适用于上述各项活动)：

事实

· 活动中可有什么事发生过？（包括在自己或组员身上）有什么深刻的
　片段？

感受

· 活动后你对这群蛋哥/个别蛋哥的感觉如何？为什么？

· 哪个情境令你感受最深？为什么？

发现

· 蛋哥/蛋哥群中有没有跟自己现实生活中相似的地方或人物？是怎样的？

· 有什么因素帮助大家完成各项任务？请分享当时片段。

· 请分享过程中欣赏自己及组员的地方。（可将内容写在你欣赏组员的蛋
　哥日记上）

未来

· 你对这群蛋哥有什么期望？你期望以什么方式与这群蛋哥共处？

经验之谈：

· 我们会用整个上午或下午进行"蛋哥历险巡礼"，当完成"一个蛋哥的诞生"后，
　便会以走站形式开始"蛋哥历险巡礼"，最少进行 3 个活动。当然按你的计划
　部署，分不同日数或时段进行亦可。你还可以按个人创意，设计其他能达到相
　同效果的活动。

· 每个活动完成后，先让青年人记下活动最深刻的片段及感受（可参考"解说"），
　完成所有活动后再进行解说。

· 若活动重点是团队建立及发掘个人效能，可以在每个活动进行前选一、两位青
　年人担任组长，活动后组员向组长及彼此反馈；然后为下一活动选出另外一至
　两位组长带领，这样团队关系能随着每次检讨而逐步增进。

· 活动过程中，蛋哥很容易受伤，可能会出现裂痕，我们会先发给各组若干数量
　的胶布、胶纸或胶水，作为蛋哥的"急救箱"。

· 过程中若蛋哥意外身亡（摔碎），不能让它无意义地牺牲，我们会要求组员暂停

活动,实时举行"丧礼"(时间不要太长,约5分钟),全组要站立围着蛋哥默哀一分钟,除缅怀与蛋哥共处的日子外,也反思它的死因,待默哀后分享,讨论怎样保护还健在的蛋哥,然后才继续活动。至于会否重新发给他们一个新蛋哥,两者皆有其意义,视乎你期望带出的学习重点。

· 过去五届MA,每年都要举行多次蛋哥丧礼,一方面反映青年人的性急和蛮劲,容易发生意外,弄得自己头破血流惨淡收场;另一方面显示青年人在自我成长过程中,会企图、意图或糊里糊涂地将痛苦及受伤的片段略过,没有好好处理,最终成为人生中的创伤和阴影。丧礼的意义正是针对青年人这两方面的特性,让他们明白人生需要"停一停,想一想",检讨及反思自己的步伐,才能变得成熟和踏实。过去青年人对蛋哥的丧礼,初时都嬉皮笑脸,以为导师信口开河,但当宣布丧礼开始,他们的脸孔多数会由惊讶、错愕、满不自然、动作多多,进而认真思考。当每人响应一句时,大部分青年人都能够做有内涵的表达,显示他们不再逃避,面对真我,这正是蛋哥丧礼让他们学习及体验的真意。记得有一次,一位青年人分享他最深刻的学习经验,是建立了自我反思的习惯,他说:"人须要有反思,才会成长。"

给蛋哥五星级的家

目的：　一连串团队活动过后，组员合力建筑一个属于全小组的"天地"，以巩固及强化组员的关系，表达对理想团队的期望。

人数：　以整个小组作为一个团队，基本上没有人数限制，人多建豪宅，人少建套房

时间：　40—60分钟

地点：　室内

物资：　画纸、色纸、颜色笔、胶水、透明胶带、吸管、雪条棒、碎布……自由发挥，多有多造、少有少造，只有蛋哥不能少

流程：　1. 经过一连串任务之后，主持人指示各组限时为蛋哥建造一个安乐窝，让它可以休息度假，并为这个五星级的家命名。

　　　　　2. 完成后各组有3分钟介绍这个五星级的家，包括家居的名称、设计概念及各项设施等。

　　　　　3. 作品完成后，各蛋哥需要安放在家中各项设施上。

解说：　**事实**

　　　　· 请分享这个家的概念和构思过程？

　　　　· 哪个设计概念令你印象最深刻？

　　　　感受

　　　　· 看见这个家感觉如何？为什么？

　　　　· 你最爱这个家的哪部分？为什么？

　　　　发现

　　　　· 现实生活中你是否同样渴望拥有这个家？（或当中某些特质）

　　　　· 这设计对团队的意义何在？

　　　　未来

　　　　· 小组里，你可以怎样来维系这个五星级的家？

　　　　· 你对这个五星级的家未来发展有什么期望？

经验之谈：

· 这活动通常安排在一连串体力和心力劳动之后，但由于大家不知不觉与蛋哥建立了一份感情，所以制作这个家时都不觉疲累，依然兴奋用心，气氛融洽。不过为避免大家太投入导致超时，我们会以硬卡纸作为地基范围，或限定材料，以控制时间。

· 当小组介绍时，先替他们与模型拍照，实时打印，然后邀请每组将分享的期望和心愿写上相片，作为小组的共同回忆及目标，也用作日后的提醒。

活动二：　人形画系列

人形画系列是以一幅 1 比 1 的人形画贯穿各项活动,青年人要将以下活动收集的个人资料,例如自己重视的人物及回忆、心情感受、性格特质、喜欢与不喜欢的事等等,都记录在人形画上,透过独处和反思,让他们重组自己的成长历史。根据 MA 过往的经验,计划初段进行人形画活动,之后青年人可定期翻开人形画,自我检讨及了解自己的成长进程,同时建立自我反思的习惯。以下是几项配合人形画的活动。

写我的名字

目的： 透过默写自己的名字,让青年人反思对自我的评价,以及对自我身份的认同程度,并回顾与家人,尤其是与父母的关系。

人数： 不限

时间： 20 分钟

地点： 室内

物资：
- 纸：单色的卡纸或书法纸均可,约 30×60 厘米,每人最少 10 张
- 笔：各种毛笔、水彩笔、记号笔、蜡笔
- 颜料：油彩、水彩或墨汁
- 其他：颜料碟、毛巾、水、轻音乐

流程： 各人选择喜爱的纸张及工具,安静默写自己的姓名,每张纸写 1 次,共写 10 次。

期间主持人可以向青年人提问协助思考。（请参考"解说"）

解说： **事实**
- 这名字是谁为你起的? 有何意思?
- 最常这样称呼你的是谁?
- 这个名字带给你什么回忆?

感受

· 看着自己的名字感觉如何？为什么？

· 你喜欢这名字以及自己吗？

· 当别人以此名字称呼你时，感觉如何？

发现

· 现在看着这名字，有没有新的体会？

· 你有多认识这名字的主人呢？

未来

· 如果可以选择，你期望改名吗？改什么名字？为什么？

· 你期望别人如何称呼你？

· 你有没有什么话或期望，要对为你起名的人说？

经验之谈：

· 很多时候青年人都不太喜欢写自己的名字，过程中容易分心或彼此影响，所以不要让他们坐得太近，减少互相影响。

· 若你选择在默写过程中提出引导问题，留意不要问太多或太急，要给他们思考空间。

· 你相信吗？曾经发现有青年人一直写错自己的名字，若你也发现这种人，请你模仿我，悄悄走过去，轻声告诉他，或许你可以再赠他一句："从今日起，写一个真名，做回真正的自己吧！"

亲亲乐与怒

目的： 让青年人表达对父母的感受和看法，了解父母与自己的紧密关系，会深深影响自己的过去、现在与将来，从今以后要重建与父母的关系。

人数： 不限

时间： 20 分钟

地点： 室内

物资： "亲亲乐与怒"工作纸及笔

流程： 各人在工作纸上填写，左方写上喜欢/不喜欢自己的特质，右方写喜欢/不喜欢父母的特质，然后按主持人指示在小组分享。

解说： 事实

- 你和父母有哪些相似的地方？

感受

- 你对写下有关父母的内容有何感受？
- 发现自己和父母有相似之处时，你的感觉如何？

发现

- 你认为这些相似之处主要来自哪方面？
- 这些影响对你们的关系是好事还是坏事？为什么？

未来

- 从今以后，父母在你心中的位置或你对他们的感觉有没有改变？请分享。
- 你期望跟父母的关系如何发展？必须采取什么相应行动？

经验之谈：

- 青年人大多怕闷，若只一味坐着写写讲讲，很快会失去耐性，所以建议在分享中加入变化，例如将自己与父母的部分分成两张工作纸，然后邀请大家以配对形式重新组合，接着请青年人揭晓并分享。

工作纸：**亲亲乐与怒**

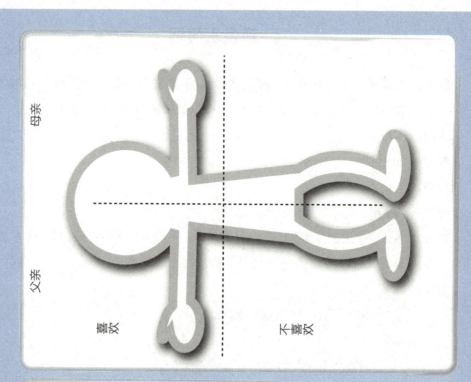

母亲

父亲

喜欢

不喜欢

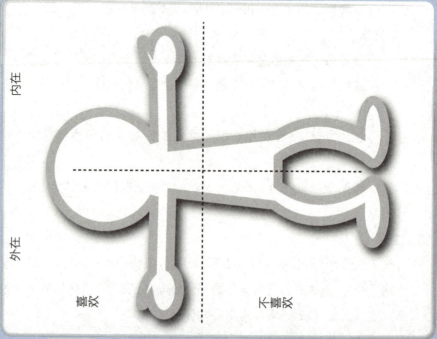

内在

外在

喜欢

不喜欢

我的人形画

目的： 青年人将活动中收集到的有关自我认识的资料写在人形画上，进行沉思与整理。

人数： 分小组，每组最少 2 人，互相帮助完成人形画

时间： 30 分钟

地点： 宽敞的室内，室外有风会吹走你的人形画！

物资：
- 大图画纸（足够将自己 1 比 1 的形状画上去）
- 普通颜色笔及粗颜色笔（各种颜色）

流程：
1. 各人先取 1 张画纸及粗颜色笔。

2. 二人一组（最好同性别），互相为对方描摹人形画。（工作人员在过程中可以协助）

3. 将自己一些特征画在人形画上；把前面几个活动中收集到关于自己的资料都画/写在纸上，例如自己的特征、喜欢与不喜欢的性格特质；自己对自己，或别人对自己的响应等；选一张最喜欢的名字贴在画上。（从"写我名字"那 10 张中挑选）

4. 完成后进行简短的小组分享。

解说： **事实**
- 人形画活动中或人形画上令你最深刻的是？

感受
- 看着人形画有什么感受？

发现
- 完成后对自己有没有新发现？

未来
- 有没有一些内容你期望加入或删减？

经验之谈:

· 请大家脱去鞋子,纸张铺在地上会占用很多空间,若有人走路难免会踏到人形画,在别人"头"上留下鞋印,难免会伤害脆弱的人形画及其主人的弱小心灵。

成长生命线

目的： 青年人按时间顺序重组自己的成长历程，学习从反思中整理自我，发现真正的自己。

人数： 不限

时间： 至少 30 分钟

地点： 室外（要有足够的安静空间）

物资： · 各人的人形画、"成长生命线"工作纸及笔

· 礼物图案贴纸（大量）

流程： 1. 分派物资，然后各人在人形画上选择一个位置，画上自己的生命线，生命线以左方为起点，代表零岁。在生命线相关位置写下由出生到现在出现过最深刻、难忘与重要的回忆，线的起伏代表对事件的快乐与不快乐的感受。（若没有人形画可以改用工作纸）

2. 找出生命线上出现过的重要人物或值得鼓励的地方，贴上天使或礼物图案贴纸。

解说： **事实**

· 请分享生命线上最深刻的一点，及一处由下而上的转变。

感受

· 对这件事有什么感受？

· 今天回想这个转变，感受又如何？

发现

· 事件里有什么因素令你产生这种感受？这些因素今天仍影响你吗？

未来

· 这些"礼物"对你有什么意义？

· 你期望你未来的生命线如何发展？

经验之谈：

· 有时青年人的生命线平淡没有起伏未必是他们真实的经历，工作人员可讲解
自己的生命线，帮助他们找寻自己的成长片段。此外，可在活动前进行一些点
题活动，如"年少时光"，以及呼应主题活动的"亲亲乐与怒"，都可以为生命线
活动铺路。图案贴纸帮助青年人尝试用正面的角度整理自己的过去，当他们
看不到生命中正面的角度时，工作者可以找出生命线上明显由下而上的转变
位，问他们发生了什么事，这些转变，正代表他们生命中出现了正面的人或事。

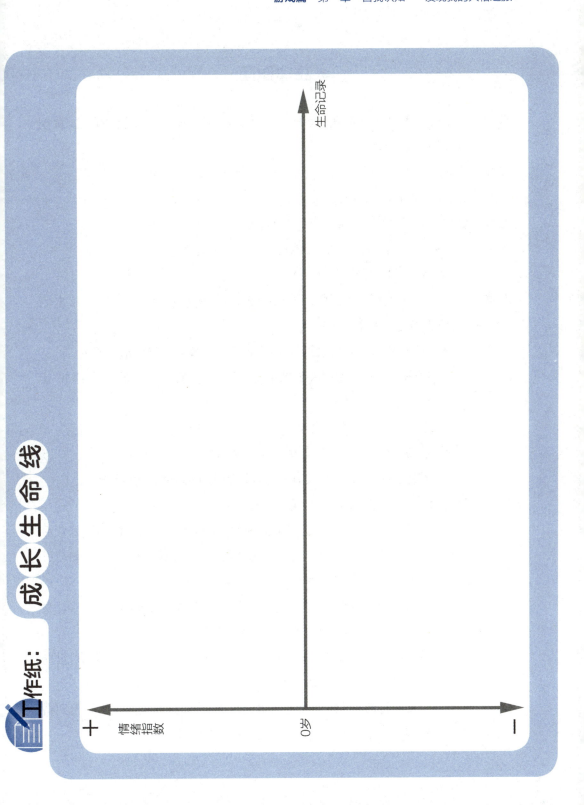

生命图画

目的： 协助青年人以正面的角度整理成长经历，学习面对真我及接纳自己，从创伤及阴影中走出来，重新起步。

人数： 不限

时间： 1 小时（或预留更多时间）

地点： 室内（用计算机讲解图画），独处时地点自由决定

物资： · 各人的人形画、"我的生命图画"工作纸和颜色笔

　　　　 · 生命图画简介图（第 54 页）

流程： 1. 讲解如何使用生命图画组织成长经验，了解自我如何被塑造，对未来创路历程会带来什么影响。

　　　　 2. 青年人运用人形画的数据，从以下四个方向整合自己的成长历程：

　　　　　　 · 阴影：过去哪些人、事或言语，每当想起仍会令你莫名恐惧或愤怒？

　　　　　　 · 创伤：过去哪些人或事，给你带来伤害及难过？

　　　　　　 · 感激：哪些人或事令你感到喜悦和珍惜？

　　　　　　 · 梦想：从小到大，有没有一些很期待实现的梦想或愿望？

　　　　 3. 指示各人以工作纸的四个角度来整理自我：

　　　　　　 · 阴影与反思：透过安静独处及深度反思，探索自己恐惧和愤怒背后的期待或原由，例如认为人人都要瘦，肥胖得不到人喜爱，偏偏自己很"胖"，害怕得不到别人的接纳和喜爱。

　　　　　　 · 创伤后原谅：尝试多角度理解带给你创伤的人或事，学习原谅，让自己放下创伤，尝试从创伤中走出来。

　　　　　　 · 感激欣赏：追溯成长里曾经历过的喜悦、珍贵或自豪的人和事，借此发现自己的更多价值。

　　　　　　 · 梦想与行动：过去出现的愿望或梦想，你尝试过或至今仍然很期待实现。

解说： 事实

· 过程中哪部分令你最深刻？或写得最多、最详细？为什么？

· 这次接触"过去的自己"，跟以前有什么不同？

感受

· 这些深刻片段给你什么感受？

· 哪部分令你感觉到兴奋、珍贵，好想表达对自己的欣赏？

发现

· 对自己/一些人/事，有没有新的发现或体会？

· 当你完成工作纸后，有什么发现？（请选择最少一个题目：我能够、我发现、我明白、我可以、我欣赏……）

未来

· 你认为哪些是可以改变/学习接纳/期望实践的？

· 哪些部分你渴望把握，成为日后生涯旅程上的锦囊？

经验之谈：

· 活动后小组分享的气氛很重要，可安排一些较能使人放松的场景，记得预备好纸巾。

· 分享开始前工作人员必须提醒组员要留心聆听，这是对组员情绪上最好的舒缓及支持，组员谨记内容要绝对保密。

· 可制作一些小贴纸如礼物、鼓励话语等，让组员分享时彼此赠送，借此建立群体支持、接纳及鼓励。

· 正所谓世事岂能尽如人意，有些组员可能仍未能释放自己，分享内容及态度偏向负面，不要勉强他们，尝试用另一角度让他们明白，能够把过去的不愉快抒发出来，也是处理创伤的一种途径，总比藏在心头积极得多。

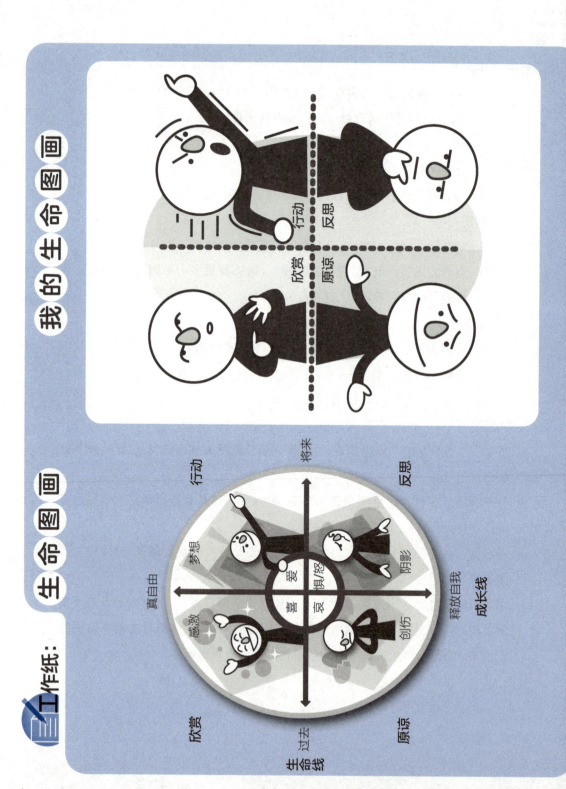

我的生命图画

生命图画

工作纸：

活动三： 瑞恩（Ryan）系列

瑞恩系列由三个部分组成，"你是我的瑞恩"，青年人亲手缝制一个名为瑞恩的布偶（瑞恩名字的由来请参考《创路达人从零开始》）。接着的两部分是围绕瑞恩进行的"瑞恩传奇"及"与瑞恩共舞"。前者通过瑞恩布偶探索个人的成长足迹，后者是让青年人与自己亲手缝制的瑞恩进行多项团队活动，借此他们与瑞恩有共同经验，这些共同经验有助青年人与自己建立亲密关系，学会自我鼓励、自我鞭策及自我接纳，做自己最忠诚的朋友。最后建议用"瑞恩保养工程"作为长期计划的中途支持，可以更全面发挥瑞恩的作用，也让瑞恩"活得"更有意义和生命力。

你是我的瑞恩

目的： 让青年人体验认识自我及成长的过程，由学习接纳布偶到学习接纳自己，与自己结连及共处。

人数： 不限

时间： 2 小时

地点： 室内外皆宜

物资：
- A3 大小的瑞恩纸样（每人 1 张）及布料（每人 2 张，多种颜色可供选择）
- 每人 1 条约 1 米长的肩带及约 15 厘米长的拉链
- 缝纫用品：针、穿针器、线（各种颜色）、剪刀、大头针（大量）、棉花

流程： 工作者先取出制作完成的瑞恩，指示制作步骤：

1. 剪出瑞恩纸样，将两块布叠起，布"面"向内，将纸样用大头针固定在两块布上，然后剪出来，用针线缝起，请注意预留拉链位置，可放于头顶、后脑或背部。
2. 当缝至肩位时要加上肩带一并缝制，然后在拉链位缝上拉链。
3. 将瑞恩的正面翻出来，再按个人喜好将棉花塞入瑞恩内。
4. 可以用碎布作装饰品。
5. 填写瑞恩出生证明。

解说：事实

· 瑞恩的诞生过程有没有惊险的片段？你有没有感到困难或挣扎？

感受

· 如果你是瑞恩，对被塑造的历程有什么感受？为什么？

· 过程中的挣扎带给你什么感觉？

发现

· 你如何克服过程中的挣扎？

· 瑞恩跟你有什么相似之处？（包括外形、特征及被制作的过程）

未来

· 你在出生证明上写了对瑞恩的什么期望？

· 你期望跟瑞恩发展出怎样的关系？

经验之谈：

· 制作瑞恩的过程，由一堆零碎而混乱的材料开始，经过多次摸索、错误、调整及尝试，才能缝制出一个布偶。瑞恩反映出青年人接触自己的写照，缝纫工作对青年人是陌生和艰巨的，对男孩子更是可怕。瑞恩代表一种被动、无能和无助感，也找不到其价值所在，故此起初接触瑞恩，他们会抗拒和不接纳。

· 缝制过程代表一段与瑞恩（其实是自己）接触的进程，只有尝试与瑞恩接近、触摸他，彼此的感情才能建立起来。有了感情，青年人便会开始爱惜瑞恩（自己），由最初粗糙的 2 厘米一针变为 1 厘米两针，愈缝愈用心，虽然用心不代表做得完美，完成的瑞恩可能是长短手脚，线位起伏不平，或是腋下线脚破裂露出棉花，但他们都会对"亲生"的瑞恩爱不释手。这个过程可以帮助青年人学习接纳瑞恩和自己、与自己连结及共处。

· 制作过程中，青年人难免情绪起伏，工作者要全程协助，依步骤指导他们。不要忽略对他们的支持，对青年人的接纳忍耐，使他们学习与瑞恩（自己）同行。

· 瑞恩也是一个装东西的口袋，青年人要跟瑞恩在往后活动并肩作战，将活动的发现及感受写下，放进瑞恩的"心窝"，象征他们学习接触自己及跟自己相处的体验历程。

工作纸： 瑞恩模型

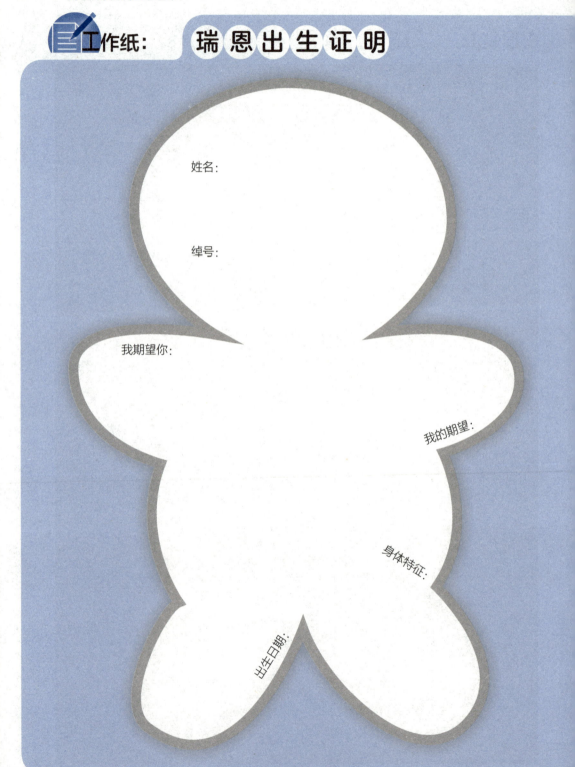

工作纸： 瑞 恩 出 生 证 明

姓名：

绰号：

我期望你：

我的期望：

身体特征：

出生日期：

瑞恩传奇

目的：　透过三个人生成长阶段认识自己。

人数：　这是个人的整理活动，人数不限

时间：　30 分钟

地点：　室内、外均可

物资：　· 每人 4 张"瑞恩传奇"工作纸、3 张书签及笔

　　　　· 情绪图案贴纸

流程：　1. 派发 3 张工作纸和笔，邀请青年人安静回想过去三个阶段，分别是：

　　　　0 至 5 岁（由出生到幼儿园阶段）/6—12 岁（小学阶段）/13 岁到现在（中

　　　　学阶段）

　　　　2. 完成后，派发情绪图案贴纸贴于上述工作纸。

　　　　3. 派发第 4 张工作纸，完成后分享。

解说：　**事实**

　　　　· 3 张工作纸上有哪些内容是刚刚才回想起来的？ 哪一张对你最深刻？

　　　　感受

　　　　· 哪张贴纸令你感受最深刻？

　　　　· 请尝试以"甜酸苦辣"形容这三个阶段的自己。

　　　　发现

　　　　· 透过这 3 张纸，有没有重新认识自己？ 过去哪些情况最影响现在的

　　　　自己？

　　　　未来

　　　　· 如果第 4 张工作纸是完成这个计划的你，你期望自己是怎样的？（填写

　　　　第 4 张工作纸）

　　　　· 请给每个阶段的自己一句自我鼓励的话。（大家先写书签，分享后放进

　　　　瑞恩袋内）

经验之谈：

- 进行这项活动前，可先进行点题活动营造气氛，如"年少时光"，让大家轻松走动，然后邀请个别分享，帮助青年人回忆小时候。若时间不足，则建议用"人物、时间、地点、感叹号"作点题游戏。

工作纸：　瑞恩传奇

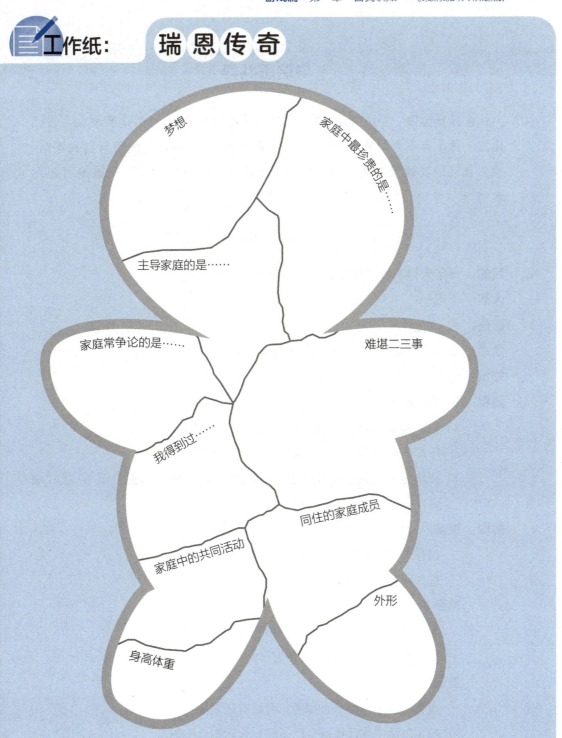

梦想

家庭中最珍贵的是……

主导家庭的是……

家庭常争论的是……

难堪二三事

我得到过……

同住的家庭成员

家庭中的共同活动

外形

身高体重

与瑞恩共舞

这部分包含一连串活动,青年人要与瑞恩一起参与,目的是要领会与自己建立一种不离不弃的关系,成为创路历程最重要的同行者;懂得与自我连结,成为自己最真诚及忠诚的朋友。如果你有切合主题的活动,瑞恩绝对愿意参与。

迷失瑞恩

目的:青年人要学习认识及了解自己,才不致迷失自我。

人数:不限

时间:约 15 分钟

地点:基本上不限,人数多,地方便要宽敞一点

物资:每人 1 个眼罩及自己的瑞恩

流程:1. 请各人戴上眼罩。

2. 主持人将各人的瑞恩藏起来(或随意放在地上)。

3. 各人寻回自己的瑞恩,活动进行时不准交谈。

4. 若认为手上的瑞恩属于自己,便安静坐下,待各人都坐下了(或时限到),主持人指示各人揭开眼罩。

解说:**事实**

· 过程中你最深刻的片段是?

· 你如何辨认自己的瑞恩?

感受

· 蒙着眼寻找瑞恩的过程中,感受如何? 在想什么?

· 揭开眼罩看到结果后,心情怎样?

发现

· 现实生活中你的状态如何? 有没有迷失了?

· 现实生活中你已找回自己了吗? 你认识自己吗?

未来

· 有什么方法提醒自己不致迷失?

· 身边有什么人可以帮助自己保持清醒?

经验之谈:

· 虽然活动中迷失了的是瑞恩,但由于青年人蒙着眼,会觉得迷失的是自己,感到彷徨及无助。

· 寻找瑞恩最普遍的方法,是从它身上的特征着手,可通过这点鼓励青年人。认识自己的独特性是找回自己的方法。

· 由于活动是蒙着眼男女一起进行,要提醒大家以一只手探路,另一只手放在胸前保护自己。

瑞恩奖励计划

目的: 学习真诚爱惜自己,懂得寻找支持,成为自己的鼓励者。

人数: 5—10 人以上(人多会好玩一点)

时间: 约 20 分钟(活动时间)

地点: 不分室内室外,空间越宽敞越好玩

物资: · "瑞恩奖励计划记录表"、"指引"(第 66—67 页)和笔

　　　　· 大量紫荆勋章及金紫荆勋章图案贴纸

流程: 1. 派发瑞恩奖励计划记录表,各人在 20 分钟内携同瑞恩,以走站形式进行奖励计划内的任务,为瑞恩赚取分数,然后换取两款荣誉勋章。

　　　　2. 主持人讲解各站任务(参阅"指引")及两款荣誉勋章的换取方法。

　　　　3. 活动时间终结便要返回集合地点,安排计分及颁发勋章。

解说: **事实**

· 哪一项较快/慢完成?

· 有没有为瑞恩(自己)定下目标? 例如在限时内完成任务、要获得哪款勋章、要玩得开心、要满足瑞恩的需要……

感受

· 最喜欢哪项任务？为什么？

· 过程中你觉得最困难的是什么？例如：限时完成、获得勋章、难明白瑞
  恩的需要、要携同瑞恩完成任务、辛苦、无聊……

发现

· 现实生活中你试过用心欣赏自己吗？你有没有自我鼓励的习惯？

· 你明白自己的需要和感受吗？

· 活动后你有没有反省，最容易忽略自己哪些需要？

未来

· 你期望未来日子如何鼓励自己？

· 有哪些方面想提醒自己？

经验之谈：

· 青年人面对这9项任务自然便会联想到必须限时完成，或以获得勋章为目标，
  两者的共同点都凸显青年人的特性：忽略"过程"才是活动的目标之一。各项
  任务的意义不在于"量"，而是要明白瑞恩（即自己）的感受和需要，并不断鼓励
  它/自己，这点是我们最期望青年人在活动中能够体验到的。所以有时我们会
  透过访问让青年人明白，例如：你还记得那篇分享文章（见"瑞恩心灵鸡汤"）的
  内容吗？瑞恩接受过哪些鼓励或欣赏等，不过通常大家都会忘记了。

· 请注意：要在20分钟完成是"不可能的任务"，所以时限只是供青年人"进行"
  任务，而非"完成"任务。

 **工作纸:** # 瑞 恩 奖 励 计 划 记 录 表

瑞恩心灵鸡汤

给瑞恩一口鸡汤，
滋润心灵，
补身益气！

得＿＿＿＿＿＿分

为瑞恩打打气，
舒筋活血心欢喜！

得＿＿＿＿＿＿分

瑞恩善摩师

瑞恩有心

惟有你才能送给瑞恩
一个世上独一无二的真心！

得＿＿＿＿＿＿分

瑞恩想你鼓励

得＿＿＿＿＿＿分

瑞恩我欣赏你

得＿＿＿＿＿＿分

瑞恩与你有缘

得＿＿＿＿＿＿分

瑞恩两心相照

同瑞恩照张相，
一起加油！

得＿＿＿＿＿＿分

瑞恩我支持你

你支持瑞恩，瑞恩支持你！

得＿＿＿＿＿＿分

瑞恩共同进退

瑞恩上，我都上。
瑞恩落，我不开心！

得＿＿＿＿＿＿分

指引

瑞恩心灵鸡汤

任务：	给瑞恩读一篇发人深省的文章，为它滋润心灵
计分方法：	完成后可得 10 分，工作人员按阅读认真态度扣分
地点：	自定义
物资：	心灵鸡汤，或其他反省文章

瑞恩善摩师

任务：	为瑞恩按摩 3 分钟
计分方法：	完成后可得 10 分，工作人员按投入程度及态度扣分
地点：	自定义
物资：	几张椅子，也可坐在地上进行任务

瑞恩有心

任务：	送瑞恩一个你亲自设计的心形贴纸
计分方法：	完成后可得 10 分，工作人员按制成品的美感程度扣分
地点：	自定义
物资：	心形贴纸，颜色笔

瑞恩想你鼓励

任务：	请其他人写上对你的瑞恩的鼓励话，然后签名，每人只能在同一张纸上写一次，每张纸的字句不能重复，否则会被扣分
计分方法：	每个鼓励得 1 分，最高得 10 分，相同字句只算一个，工作人员按字体及内容扣分
地点：	自定义
物资：	没有

瑞恩我欣赏你

任务：	写上你对瑞恩的欣赏，字句不能重复，否则会被扣分
计分方法：	每个欣赏得 1 分，最高可得 10 分，工作人员按字体整洁度及内容扣分
地点：	自定义
物资：	没有

瑞恩与你有缘

任务:	写出你认为与瑞恩相同之处
计分方法:	每个相同处得 1 分，最高可得 10 分，工作人员按字体及内容扣分
地点:	自定义
物资:	没有

瑞恩两心相照

任务:	到指定地点请工作人员为你和瑞恩拍照，注意你有心时瑞恩也要有心，所以必定要完成了"瑞恩有心"才能进行
计划方法:	完成后得 10 分，最高取 10 分，工作人员按态度和表现扣分
地点:	自定义
物资:	一次性成影相机，或用数码相机，稍后打印发给参加者

瑞恩我支持你

任务:	将手举至与肩头平衡并手握拳头，将瑞恩放在拳头上，维持 5 分钟
计分方法:	完成后得 20 分，工作人员按动作标准程度及态度扣分
地点:	自定义
物资:	没有

瑞恩共同进退

任务:	与瑞恩一起进行 5 分钟踏步运动，即双脚踏在椅子上，然后踏回地面，反复进行
计分方法:	完成后得 20 分，工作人员按动作标准程度及态度扣分
地点:	自定义
物资:	椅子或其他类似工具，必须有足够人手跟进安全

各款勋章换取方法：

紫荆勋章：50 分换 1 个

金紫荆勋章：80 分换 1 个

瑞恩补养工程

当瑞恩"诞生"后，青年人不会抗拒跟它一起进行各项活动；既然瑞恩是为鼓励他们学习正面与自己结连，我们也会让瑞恩一起参与。瑞恩补养工程穿插在瑞恩系列或其他活动前后，作为系列的辅助工具，或转化成系列的总结活动，甚至全计划的总结活动。

瑞恩有礼

在一些活动后，给青年人针线及简单材料，如碎布、纽扣、丝带等，为瑞恩装饰，象征对自己的新发现、欣赏或送一件小礼物给自己。若时间不容许，可以给他们材料带回家制作，作为回家作业或有益的"课余活动"。我们也会鼓励他们多制作一个可接收别人送来的书签或小字条的信箱或信袋，挂在瑞恩身上。

给瑞恩的情书

当"自我成长"的活动开始及接近完成时，我们会安排青年人一些独处的时间，让他们养成定期自我检讨的生活习惯。我们会派信纸给他们，请他们写一封信给瑞恩（其实是写给自己），与昨日、今日及未来的自己对话，表达对自己的发现、感受及期望。根据过往经验，安排在计划最后阶段举行，让瑞恩与青年人相伴同行，情感上多一份共鸣，少一份孤单。

瑞恩信箱

制作目的是让瑞恩不但成为与自己沟通的桥梁，更加能够开放与别人沟通。我们邀请大家写"给别人瑞恩的情书"，然后亲自送信，大家都感到很兴奋。虽然青年人不爱写字，但每次写信往往用上两小时仍然嚷着时间不够。

瑞恩结业礼

在计划尾声，青年人会为自己预备结业礼，也同时为瑞恩预备，例如制作瑞恩的毕业袍、四方帽，完成后为所有瑞恩拍毕业照，让青年人实实在在明白结业礼对他们的意义。结业代表自己已拥有坚毅的斗志、成长、突破自我、肯定及成就，并带着这个新的自己展开创路旅程。

瑞恩结业海报

结业海报集合每位青年人参与计划的学习总结，海报面积约 6×6 米，让他们按主题自由发挥，青年人会以闪亮的胶片、金粉砌出自己的名字，配上自画像，然后各选一个字总结计划的学习及作为进入创路之旅的座右铭，例如："戒"提醒自己戒掉坏习惯，"变"代表人生要敢于踏出突破自己的一步，"友"、"情"或"珍"是明白同伴的重要，珍惜彼此的友情。这些海报会作为结业礼舞台的背景，按过往经验，青年人悉心制作，务求礼堂内坐得最远的人也能看见，反映今天的他们已能够和敢于接纳自己，在人前表达自己。

第三环节 总结活动

结活动介绍

　　"自我成长"阶段的总结活动，是协助及鼓励青年人以"正面角度"来整理自我和整理成长历程，愿意接纳、肯定、欣赏自己，勇于尝试；整理自我包括面对与自己、家人和同辈的关系；成长历程的范围包括了过去、现在与将来。这些都有助强化整个阶段的效果。总结活动通常安排在整日或一连串活动之后，所以不用加上解说。

活动一： 背后支持你

目的： 让群体成为彼此的支持者。

人数： 人数不限

时间： 30 分钟（以 10 人计算）

地点： 室内

物资： "背后支持你"工作纸，每人 1 支颜色笔、1 只衣夹

流程： 1. 派发物资，指示各人用手上的衣夹协助别人把工作纸夹在背后。

　　　　2. 各人限时在背上的工作纸写上对那人的回应和鼓励。

　　　　3. 完成后围圈坐下，取下自己背上的工作纸。

　　　　4. 各人在工作纸中选 1 句最深刻或感动的话，向大家宣读。

经验之谈：

· 过往青年人进行"背后支持你"时都很投入，当宣读大家得到的鼓励话时，场面十分感人，所以记得要预备纸巾，全程配合轻音乐有助于大家投入。工作人员也要一起写，青年人很期待工作人员对自己的鼓励，而且可以给一些较少得到别人鼓励的青年人写上鼓励。

工作纸： 背 后 支 持 你

活动二： 留给最爱的说话

目的： 学习以文字整理自己的过去，勇敢向指定的对象表达个人感受及期望。

人数： 人数不限

时间： 不限

地点： 室外或室内

物资： 信纸、信封、笔

流程： 1. 派发物资，指示各人在限定时间内写信。

2. 信件主题及收信人建议：

   · 写信给刚出生的自己，勉励自己勇敢面对成长

   · 写信给将来（12 年后……）的自己，分享个人梦想

   · 写信给父母，表达你对过去成长历程的感受，以及一些心底话

   · 以生命图画的 4 个方向（创伤、阴影、感激和梦想）写信给父母/瑞恩

   · 写信给自己的"坏习惯"（配合"半红不黑"活动）

   · 写信给某些人，向他归还你并不想拥有的卡片（配合"剪刀·石头·布"活动）

   · 以自由题写信给自己（主持人自由发挥）

3. 将信放进信封，写上收信人及地址，然后交给主持人代为寄出。

经验之谈：

· 这个活动可配合多项点题及主题活动进行，至于写信的地点，可以在"逆境营"（第 161 页），身处大自然、漆黑的夜里，有瑞恩相伴，都有助青年人整理思绪。不过若在野外或晚上进行，留意要预备电筒或雨具。

· 写信过程中，工作者可逐个探访，送上关怀，了解进度和协助他们整理思绪。

活动三： 我的海报

目的： 完成所有活动后，青年人整理过程中所学到的，自己成长及改变的地方。

人数： 人数不限

时间： 30 分钟

地点： 室内

物资： · 大量报纸及杂志

· 每人 1 张 A3 大小画纸

· 文具：胶水、透明胶带、刀、剪刀、颜色笔

流程： 1. 在报纸及杂志上选择适当的图片或字句，表达自己完成大部分活动后学习到的东西、一些成长片段及经历的改变，然后以创意及想象力贴在 A3 大小的画纸上，成为"我的海报"。

2. 完成后为作品命名及向人分享。

活动四：心情札记

目的： 协助青年人整理每日的感受或学习，培养他们建立自我检讨的生活习惯。

人数： 人数不限

时间： 15 分钟（或当作回家功课，第二天交回）

地点： 随意

物资： 心情札记簿

流程： 记录该日活动后的感受及学习、生活的点滴和体会，次日交给工作人员。

内容如下：

1. 日期

2. 天气

3. 心情

4. ·　事实（facts）

   发生过什么事情？过程怎样？

   ·　感受（feelings）

   过程中我有什么感受？心情如何？

   ·　发现（findings）

   在整个过程中我对自己有什么发现？我对身边的人有什么发现？
   我对自己身处的这个群体又有什么发现？

   ·　未来（future）

   这件事对我将来有什么影响？经历这件事情后，我可以在什么地方
   做得更好？

   （每篇心情札记必须包含上述 4 项）

经验之谈：

· 心情札记是青年人整理自我思绪的有效工具之一，每人会有两本心情札记交
替使用，今天他交回一本心情札记，我们会发回昨天的札记，在上面写下点评

和回应,如此类推。

- 绝大部分青年人都会好好保存这些心情札记,偶尔拿出来回味一番,从中得到鼓励及力量。记得有一位青年人表示,他会好好保存这些札记,留给子孙阅读,跟他们分享自己生命中的珍贵片段。

活动五：　我的自传

目的：　协助青年人整理及组织自己的过去、现在及将来。

人数：　人数不限

时间：　没有限制,可以是回家作业、当堂练习,也可在 1 天或 1 周内完成,取决于
自传的长短及范围而改动

地点：　随意

物资：　自传问题指引(第 78 页),可按负责人对自传范围的期望选取问题

流程：　按问题指引编写我的自传。

经验之谈：

· 自传协助青年人将过去、现在及将来加以立体及清晰地整理,完成后可将全部
自传集合起来作为群体的集体回忆集。这活动宜安排于计划末段进行,自传
全集也会安排于结业礼时出版及送给出席者,鼓励他们送一本给家人,让家人
更全面了解自己的成长。

· 完成自传,对青年人来说别具意义,有助于他们向别人、父母表达自己的成长
历程、喜、怒、哀、惧等感受以及从未或不敢表达的想法和渴望,甚至心底最热
切的梦想等。有一次收到一位 MA 结业的青年人电话,他既兴奋又欣慰地告
诉我们,爸爸终于阅读了他的自传,虽然没有实时回应,然而通红的双眼表示
他已明白。自此这对一向疏于沟通的父子开始接触,在记事簿内特意为对方
预留喝茶吃饭的聚会时间。

· 自传让青年人意识到自己身份的转变,当他们读着自传,将过去好好整理后,
仿佛变成"一条好汉",从今以后不再含糊地生活,要认认真真、清清楚楚、踏踏
实实地做人。他们学习为自己的人生负责任,失败了不再怨天尤人,愿意坚持
梦想,敢于面对逆境解决困难,积极寻找支持,跟我们这些青少年工作者成熟、
坦然地分享讨论。

指引

试依据以下纲要，写出完整的自传。

1. 你心里怎样评价自己？
2. 你觉得自己是独一无二的吗？
3. 你的个性如何？
4. 你满意镜中的自己吗？
5. 你对自己的发型、眼睛、走路姿势、各方面的外表都满意吗？
6. 你欣赏自己吗？
7. 你在家中排第几？父母都健在吗？
8. 你的幼年生活舒适安稳吗？或者常搬家、常改变吗？
9. 你的家人善于表达感情吗？
10. 你的兄弟姐妹如何？你喜欢他们吗？他们喜欢你吗？
11. 你何时开始上学？害怕吗？喜欢吗？
12. 你对老师、同学第一印象如何？
13. 哪一位师长对你影响最大？是好还是坏？
14. 你的父母、师长觉得你在学校表现如何？
15. 你的成绩如何？
16. 你觉得自己跟中学同学的关系如何？
17. 别人对你的观感如何？
18. 他们对你的看法跟你对自己的认识相同吗？
19. 别人觉得你的外表、个性如何？
20. 他们喜欢跟你在一起吗？他们欣赏你吗？
21. 有亲密朋友可以谈心吗？
22. 谁曾经嘲笑你、欺侮你？你感受如何？
23. 学校里有没有你崇拜的人？为什么崇拜他/她？
24. 毕业后，你愿意像谁？
25. 最后一个暑假，你还记得做过什么吗？
26. 有没有人告诉过你，你适合从事哪种行业？你自己又有什么想法？
27. 中学最后一年你的方向确定了没有？那时打算毕业以后做什么？
28. 中学毕业后你试过工作吗？你跟同事的关系怎样？
29. 你怎样跟那些权威人物（如老板、上司、客人）打交道？
30. 你为什么参加 MA/这计划？
31. 你会用什么字眼形容你参加 MA/这计划的生活？
32. 参加 MA/这计划后，你的人生态度有什么转变？
33. MA 这一年/在这计划中的生活跟你想象的有区别吗？
34. 你认为 MA 这一年/这计划对你最大的帮助是什么？
35. 你现在对前途感到迷惘吗？你有方向吗？
36. 你的未来有目标吗？是什么？
37. 有什么人或事会影响你的目标？
38. 你身边还有什么人会支持你的目标及方向？
39. 你的生活跟你预期的有何不同？
40. 你活到今天，跟童年时最喜欢的童话故事，或者最崇拜的英雄故事有任何相似吗？
41. 你满意现在的生活吗？
42. 请用一句话总结你之前的人生。

本章活动总结

由自我成长出发：寻找人生梦想

李洁卿

"自我成长"阶段的活动设计,期望帮助青年人在自我修复的基础上建立自我效能感,这份自我效能感可以帮助他们重拾生命中的"梦想":

从人形画中建立"自信"

"信"指自我信念的提升。我们时常在"半红不黑"活动中发现青年人,即使猜拳胜利也刻意选择黑色卡。在人形画系列、"写我名字"时,他们都显得对自我否定、不接纳等。故此我们盼望以"亲亲乐与怒"或"我的生命线"让青年人体会他们在自我塑造方面,可以由被动转为主动;透过"生命图画"的反思,区分自我、重新认识和接纳自己。

在蛋哥身上重拾"希望"

"望"代表盼望,对创路历程产生憧憬和盼望。"蛋哥系列"中的盼望是指青年人借着"蛋哥历险巡礼"找到发挥自己的空间,体验个人天赋技能所在,借此重新建立自我价值,敢于憧憬人生与未来。根据过往经验,青年人在蛋哥活动后分享,会因有人重视自己的意见而兴奋,因建议得到采纳,全组完成任务获得成功感。另一位青年人表达他一向被称为"矮仔",所以对活动失去自信心和动力,在这次历险中,没有因自己矮小而被拒绝,深深体会到能够完成任务,是因组员没有彼此厌弃,互相尊重接纳的结果,并且可以各展所长。盼望也来自与其他蛋哥/组员结连,拥有"给蛋哥五星级的家"般温暖的归属感。

与瑞恩一起经历"友爱"

每年缝制瑞恩时,青年人跟瑞恩的感情发展多数都是先苦后甜。先是认为工作人员硬要他缝制这个布偶是一场盲婚哑嫁的"苦恋",可是到最后都以"情投意合的恋爱"作为大团圆结局。有人完成后立刻为瑞恩命名,把他扛在肩上。有人甚至将母亲送给他的生日红包放进瑞恩肚里,给瑞恩庆生,这些行为都代表他们已透过瑞恩建立对自我的归属感。

记得一次"逆境营",有人担心过河时会弄湿瑞恩,把它装入保鲜袋,最后自己却湿透。另一位青年人分享说:"在逆境营之前,缝制瑞恩来陪伴逆境营的旅程。由于自己的针线工夫不好,造出来的瑞恩破烂又不对称,不是很喜欢他,还认为是个负累。可是在三天的逆境营里,瑞恩成了倾诉对象,或作为休息时的枕头。青年人跟瑞恩发展出朋友关系,在他身上学会照顾、承担及接纳……"瑞恩能够帮助他们了解、感受和爱惜自我。

懂得爱惜自己、接纳自己、欣赏自己是瑞恩系列最重要的目标,青年人先学习爱自己,然后爱家人、友人甚至志同道合的人;爱自己的梦想也爱同伴的梦想,成为个人与同路人实践梦想的自助及互助力量。

活动者感言

　　如果你要我选最"猜不到"的活动，必定是"背后支持你"。最初我觉得活动很无聊，只随便写了些东西，全无内容可言。等到我看看自己背上那张纸，知道我错了。原来大家花尽心思去写下对我的观感。他们眼中的我，连我自己都不曾想过，不曾认识过，这是一个难得的经验。他们也会写下我要改善的地方，很宝贵。就算有人看到你犯错，不一定会告诉你。之后每一次玩这个活动，我都会费尽心思写给别人，可能是鼓励，可能是提醒，或好或坏，总之对那人有用。

　　自传，一般都是年长的、有经历的人才会写。青年人写自传？我当时心想：怎么写？我的经历与一般年轻人无异，平凡得很，茫无头绪。虽然只是一篇短短的文章，但写作时感到非常困难，直至想到写自己的性格，方才可以写出来。就算文字不太流畅，但当我一再仔细阅读，仿佛时光倒流，回到往事发生的时候。小时候总是甜甜酸酸、有笑有泪。我想这就是人生：有起有落、有高兴、有难过、令人惊喜，这样人生才过得有意义。如果只有开心，就太没趣了，也不会明白伤心、难过后，失而复得的感觉。没有风雨，就不会有漂亮的彩虹；没有难过，就不会懂得珍惜。

在成长阶段当中，身边很多人告诉你，你究竟是一个什么人，但在他们眼中的你，是真正的你吗？ 我在成长阶段听过很多负面的话，例如： 靠好运没实力、失败者、小混混、废物等，这些标签贴满我一身，起初我很抗拒，但当一个接一个跟你说这些话时，信心便开始动摇，觉得自己就是他们眼中的那种人。 MA 里有一个认识自我的"半红不黑"游戏，我一口气便写满缺点，优点却让我"举笔为艰"。 原来以往跟随别人所想的去生活，最后令自己迷失，找不回自己。 多谢导师游戏后的解说，令我重整过去，努力向前。自此，我才明白要活出自我，掌管自己人生的就是自己。

第二章　探索人生——提升自我信念

本章导读

　　青年人在"自我成长"阶段重新认识自我，对自我价值有较全面的了解。这种对真我的自省可以逐步修补他们生命中的破碎与伤痕，逐渐脱离过去自卑的状态，慢慢提升自我形象。 但青年人仍未有足够信心创路，也欠缺周详的计划与装备，正如一个人有一颗渴望远游的心，必须为旅程策划与准备，例如寻找目的地、储蓄旅费、准备行装，甚至找一个同伴上路。

　　"装备"阶段的活动也是从"心"出发，强化青年人的创路信念，先开阔他们的未来视野，知道这个旅程要往哪里？ 怎样去？ 带什么上路？ 这样他们才会对未来道路有更周详的计划。 与此同时，也要建立他们的自我效能感，让他们确定自己有应付旅程所需的旅费与装备。 经过这个阶段，青年人提升创路动机，弄清楚自己的路程和创路目标，整装待发，不再对人生"走一步算一步"。

第一环节 点题活动

 **题活动介绍**

  要转化和提升青年人的创路信念，由不打算出门到渴望远游，首先要帮助他们重整自己的信念与价值观，重拾自信，相信自己可以踏上旅程，不用再原地踏步。要青年人静静反思与检视个人信念并不容易，要脑袋运动，不如先让身体运动吧！所以点题活动大都是动态的，目的是启动他们的身体及脑袋，培养个人及群体的能力，提升自信心，为内在价值信念转化、纠正他们认为自己"不可能"的顽固思想，做好准备，增强踏上生涯规划旅程的信心。

活动一： 跳大绳

目的： 唤醒青年人的身体机能及专注力，学习在群体中相处、彼此支持及提醒。提升青年人的个人效能感，促进创路信念和预计成果的提升。

人数： 3 至 30 人（最少有 2 人负责摇绳）

时间： 15—20 分钟（作为热身，时间不宜太长，否则平日较少活动的青年人会觉得很累）

地点： 最好在户外进行（一来有较宽敞的空间可以伸展，二来让他们呼吸一下新鲜空气）

物资： 每组大绳 1 条（建议用粗大的绳索如攀岩绳，若多人同时参与，可将几条大绳连接在一起）

流程： 1. 每组找一处空间，组员先个别试跳，以掌握技巧。

2. 热身后，全组订下一个目标，一起连续跳绳。（建议 10 下，每 5 个进级一次）

3. 完成目标后，尝试终极挑战：全体一起跳。（建议 5 下）

解说： **事实**

· 你/身边的朋友跳得如何？

· 哪些片段较深刻？

感受

· 跳不过/跳得过的心情怎样？

· 哪个时刻最兴奋？

· 哪个时刻最想放弃？

发现

· 剧烈运动过后，你对自己的身体状况有什么发现？

· 对自己有什么新的发现？

· 过程中，对小组/整个群体有没有新发现？

未来

· 跳大绳对你现实生活中创路有什么提醒？

· 这个群体对你面对未来道路有什么帮助？

经验之谈：

· 工作者可按青年人的精神状态调节活动时间，让他们察觉自己的身体状况。时下一些青年人惯于迟睡迟起，甚至日夜颠倒，放纵的生活习惯会影响他们的身体机能，也降低一个人改变自我的动力。所以锻炼体能的活动，会让他们意识到要改变作息时间等生活习惯，也成为他们改变自我的原动力。

· 以往我们会安排青年人在计划不同阶段也跳大绳，然后按群体的状况来决定是否进行终极群体挑战。除了全体一起跳绳，小组轮流穿越摇动中的大绳，也能成为群体共同挑战的目标。当然，工作者可按情况调整挑战难度。

- 并非每组都能成功跳 10 下,终极挑战也不一定成功,所以工作者要做好心理
  准备,对感到沮丧与想放弃的青年人作出解说,让他们发现过程中个人与群体
  互动才是最重要的。青年人从跳第一下大绳开始,学会检讨与协调,不但能提
  高跳大绳的效率,他们对自我与群体达到预期目标的信心也会随之增加。这
  与创路过程一样,先踏出第一步,才可以进步,也增加他们可以以新的眼光看
  待自我的可能性。
- 活动前请牢记询问青年人是否身体不适,也要留意天气(气温及空气污染指
  数)是否适合进行此类运动量较大的活动。
- 要留意青年人的衣着是否合宜,可预备一些 T 恤衫供有需要的女同学穿着。

活动二： 神奇的鞋架

目的： 青年人运用思考能力，发挥各人才能，合作解决难题；让他们增加对自我能力的认识，有信心面对不同挑战。

人数： 3—10 人一组

时间： 30 分钟

地点： 室内！室内空间有助集中精神预备训练，而且活动中大家要脱鞋走动

物资： 每组 1 份报纸、1 卷封箱胶带

流程： 1. 各组在规定的时间内（15 分钟）用大会提供物资制成鞋架。

2. 完成后，主持人检查各组鞋架是否符合标准（可搬动，放鞋位置离地 2.5 米）。

3. 达标组必须接受测试，各组员将鞋放在架上，鞋架 1 分钟后仍坚稳不倒，就是成功。

解说： **事实**

· 你们的鞋架达标吗？能成功通过测试吗？鞋架的设计理念如何产生？

感受

· 哪个片段感受最深？

· 脆弱的报纸竟能承受全组人的鞋，你有什么感受？

发现

· 成功的重要因素是什么？解决困难的条件是什么？

· 对自我/群体的能力有什么新发现？

未来

· 面对前路的困难，这活动对你有什么提醒？

· 哪些信念必须要调整？哪些能力必须提升或改善？

经验之谈：

· 活动的重点不在成败，而在于过程中青年人如何动脑筋发挥创意。工作者可

把握活动中的成功一刻及时作解说，借此让青年人对自我能力有更多认识，增强自我效能感。这个成功经验可供尚未成功的青年人参考，转化成他们面对新挑战的借鉴。

· 青年人很多时候在群体中会比较被动，不会主动发表意见。工作者可留意他们如何表达意见，在解说时鼓励他们彼此欣赏及提醒。

活动三：　穿越迷宫

目的： 鼓励青年人摆脱自我的局限，勇于探索个人的内在潜能，体会自我的更多可能性。

人数： 3—10 人一组

时间： 45 分钟

地点： 室内户外均可，最好是有地砖的空间（地砖大小以容纳 1 个人站着为准）

物资： ·　尼龙绳（围出迷宫的"工"形边界，见第 91 页）、哨子（主持人用）

　　　　·　迷宫路线图（主持人用）

流程： 1. 主持人预先设定路线，青年人在迷宫中一步步探索这条隐藏路线。活动开始前，小组有 5 分钟时间商讨对策，但不能发问。

　　　　2. 先由 1 位组员探路，每次前进 1 格，可选择向前、后、左、右或打斜的地砖，但不可跨格。如踏步正确，主持人不会吹哨子，组员可再前行 1 格。

　　　　3. 如错误踏步，主持人会吹哨子示意，探路的组员便必须按原路返回起点，由下一位组员再作尝试，直至全组组员成功穿越迷宫为止。

　　　　4. 活动过程中不能谈话，不能用任何工具记下路线，也不能闯入迷宫范围提示探路的组员。

解说： **事实**

·　活动中，个人及小组的状态怎样？

·　探索路线时有没有停滞不前的时候？为什么？

·　最终如何突破死局找到出路？过程是怎样的呢？

感受

·　身处迷宫时，你有什么感受？

·　寻找到前行的路线时，又有什么感受？

发现

·　现实生活中，有没有一些与活动中相同的经历？

·　前行创路时，有什么框架限制了你探索前路？

· 个人/群体中有什么因素有助于你探索前路、走出迷宫？

未来

· 你如何突破那些既有的框架？

· 这个群体如何帮助你发挥更多内在潜能？

经验之谈：

· 活动前主持人要清晰、肯定地将活动规则讲解一次，讲解后不要设问答环节，否则青年人可能会识破这活动的设计重点——"突破框框"。

· 尽量安排在有地砖的场地进行，增加青年人进入迷宫时的迷惘，模拟现实中青年人的实际处境。

· 青年人在活动中往往会被困于框框之内找不到出路，这是一个很值得解说的体验。好让青年人重新审视为自己能力、前路所设下的限制，有助于他们学习突破自我、发展潜能、开拓前路。

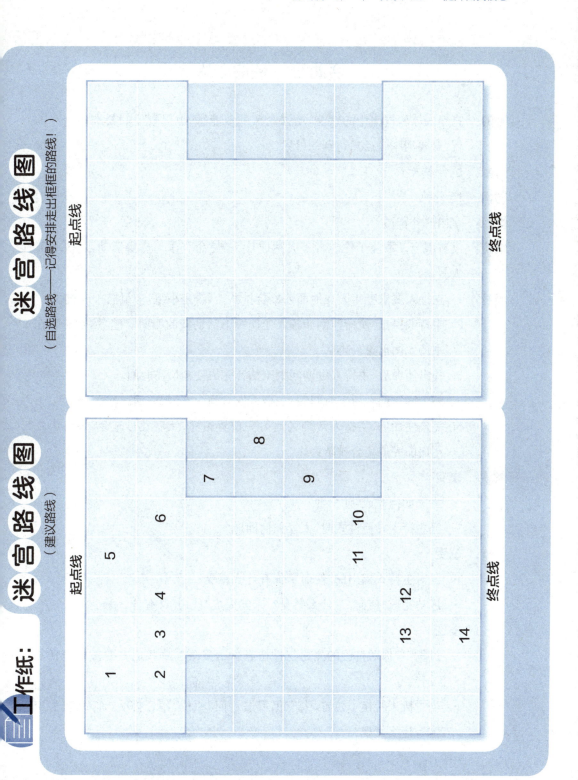

活动四： 使命必达

目的： 青年人体验群体中的效能，增强个人的效能感；也提醒他们要准备创路前行，先要清晰自己想达到的目标。

人数： 适合多人参与

时间： 15 分钟

地点： 室内户外皆可

物资： 没有限定。取决于你想青年人达成什么"使命"（作为热身活动，建议不要太复杂）

流程： 1. 主持人要求青年人在他面前集合排队。（若是小组，全组横排成直线）

2. 主持人讲出"使命"，例如各人先摸一下活动室的四面墙壁，然后回来在主持人面前集合排队。

3. 提出使命后，主持人可询问大家估计完成使命所需时间。

4. 整个群体同意所需时间后，主持人发号施令，开始活动。

5. 完成使命后，主持人转到场地另一位置站立，然后发号施令，等各人在他面前完成集合排队为止。

解说： **事实**

· 大家如何完成"使命"？

· 当主持人转换位置时，大家如何回应？

感受

· 面对主持人提出的"使命"，你有什么感受？

· 成功完成"使命"有什么感受？ 未能完成"使命"又有什么感受？

发现

· 过程中，你对自己的能力与性格有什么发现？ 哪些地方要做好准备和改善？

· 当主持人转换了位置，大家仍习惯走回"原位"集合排队，你对自己/群体有什么发现？

- 个人/群体中什么因素有助于你认清要达到的目标？

未来

- 看似困难的"使命"最终都能完成，对你有什么提醒？
- 现实生活中，什么东西容易使你迷失方向？
- 这个群体如何提醒你在创路时对准目标前进？

经验之谈：

- 过程中可按青年人的状态给予不同难度的挑战，建议以简单的任务为主，可调整完成任务所需时间来增加挑战的难度！
- 实践使命时，有时情况颇为混乱，要提醒青年人在限定时间内完成任务，注意安全！
- 最后一次发号施令时，主持人及工作人员不用刻意提醒青年人集合排队地点转变了。让他们自己发现，然后整个群体再作调整，才能让他们经历深刻的学习。

第二环节　主题活动

主题活动介绍

青年人的本钱和准备、对世界的认识，会影响他们创路的决心和预期可达到的目的地。这种决心，是我们所讲的创路动机；预期可到达的目的地，是我们所指的预计成果。青年人面对创路及预计成果，都是"做一天和尚撞一天钟"、"走一步看一步"，因此我们设计了五大主题活动：生命有"价"系列、放眼未来系列、造大楼工程、人生旅程及逆境挑战，帮助他们规划旅程时有更全面的思考与充足的准备。

生命有"价"系列，帮助青年人认识内在信念与价值观对未来择业的影响，让他重整价值信念，更有决心开创美好的生涯。

放眼未来系列，透过不同的生涯规划工具让青年人对人生前路有更多掌握与计划，学习不再短视，更有远见。

造大楼工程中不同类型的挑战项目，让青年人对自己的不同能力有更深认识，有助于他们肯定自己的强处加以发挥，或者改善自己的弱项。以任务形式设计，让青年人对要达到的目标更清晰，掌握如何计划将来，领悟"未来由今天开始"的道理。

作为整理以上三大系列的活动——人生旅程，模拟人生不同阶段，让青年人在人生缩影中体验生命，明白人生匆匆，要学习好好规划人生以及做好准备。

逆境挑战活动，青年人在真实的逆境中经历锻炼，看清自己的实况。其实青年人本身蕴藏不少潜质，能成为未来创路的本钱。逆境中，青年人体会同路人的重要，明白群体是他创路上不可或缺的伙伴。逆境的冲击有时会挑战青年人既定的计划，有助于他们规划人生时考虑得更深入。

青年人经历以上五大主题活动，创路信念经过调整，会产生更强的创路动机，对自我效能与客观环境加深认识，对未来可达到的成果想得更阔更远，相信自己有更多的可能性。

活动一： 生命有"价"系列

每个人都会因着不同的成长背景、人生经历，孕育出不同的价值观。负面的经历与扭曲的价值观会限制一个人的心态与行动。因此有些青年人即使有能力开创前路，却失去前行的决心，故步自封。生命有"价"系列正是帮助青年人了解不同职业的工作价值，重整对工作的价值观，未来择业时，心态可以更开放与积极；又借助了解"工作事业"的不同层次，提醒他们创路时，必须具体为人生及事业前路作出计划与协调。（此部分参考香港中文大学香港教育研究所"中学生事业发展辅导计划2002"内的工作纸）

工作价值大配对

目的： 让青年人初步认识及掌握不同工作的特性及价值。

人数： 无限制（多人可以互相分享讨论，让学习更丰富和深刻）

时间： 30分钟

地点： 室内

物资： 工作价值观配对卡（页97）

流程： 1. 将配对卡分散摆放，小组组员限时将职业名称、工作特性及价值观做配对。

2. 完成后小组汇报，了解其他组如何配对。

解说： **事实**

· 你小组的配对结果如何？与其他组有分别吗？

感受

· 配对过程中有什么感受？

· 你感到最困难的是什么？

发现

· 以往你了解职业背后的价值观吗？

· 今天，你对哪些工作的特性、价值观有新发现？

未来

· 认识不同的工作特性与价值观后，未来你会如何选择？

· 你怎样可以更多了解心仪职业的特性及价值观？

经验之谈：

· 若想以更动态的形式进行活动，可考虑每人派发 1 张配对卡，于限时内尽快组合成 3 人小组（每组包括职业名称、工作特性及工作价值观）。青年人要在过程中选择"最适合"自己的组员，若觉得大家不太配合，就要快快和他"分手"了。

· 配对卡虽然设定了搭配，但青年人在过程中会有不同的看法。工作者不一定要提供特定答案，反而在过程中刺激他们思考自己的选择，引导他们理解工作背后的价值观。

工作纸: # 工 作 价 值 观 配 对 卡

（可将职业名称、工作价值观、工作特性制成独立的配对卡）

职业名称	工作价值观	工作特性
社会工作者 教师	帮助他人，以一种有意义的方式与公众接触和打交道，使世界成为更美好的家园	帮助别人
作家 艺术家 设计师	独立做自己喜欢的事，构思抽象概念，创造新的想法和新鲜的事物，没有固定工作时间和方式，工作条件灵活	创造性
管理人员 政治家	专业职位，承担社会责任，必须具备很高的学历和培训背景	声望
行政人员	跟从上司指示工作，最低的教育要求是大专毕业	稳定性
研究人员 数学/科学家	工作不断要求更新知识和吸收、处理新思想的能力	智慧
消防员 警察	承担风险、有勇气、能够完成惊险的任务、体能出色	冒险
导游	友善，必须与人打交道	接触
助理经理	极好的晋升机会，起始工资不高，但很快就有机会晋升到管理职位，待遇取决于职位高低	晋升
自主创业人士	自己决定工作时间，自主选择你的团队成员和工作内容，工资取决于主动性和投入的工作时间	独立
秘书 会计	从低层开始逐步向上发展，高效率工作	效率
公司总裁 教练	指导其他人工作，要在管理团队内协调沟通	权力
股票经纪 地产代理	挣大钱的机会，高工资行业	金钱
城管 编辑	从事多种任务，接触新面孔，在不同场所工作，必须是一个多面能手	多样化
体能教练 运动员	善用体能	体力

工作价值 123

目的： 青年人初步了解不同工作的价值观后，反思这些价值观对个人发展方向的影响，思考将来如何选择工作。

人数： 不限（不同的价值观可以互相冲击，让价值观模糊的青年人可澄清个人的内在价值信念）

时间： 30 分钟

地点： 室内（最要紧是空间足够，给青年人可以安静思考及小组讨论的空间）

物资： 每人 1 份"工作价值观"工作纸、5 张空白纸条和笔

流程： 1. 各人在工作纸上选出 10 项认为最重要的工作价值观，然后从中筛选 5 项更重要的写在空白纸条上，并写下该价值观的定义。（例如：薪金优厚的定义是月入 RMB18,000 元以上，每年加薪 5%）

2. 完成后在小组中讨论，选出全组认为最重要的工作价值观。

解说： **事实**

· 你选出的 10 项重要工作价值观是什么？最终小组选出最重要的工作价值观又是什么？

· 你的选择与其他人的选择有什么相似或不同？它们之间有没有抵触？

感受

· 你做选择时有什么感受？

· 当小组讨论最重要的价值观定义时，你有什么感受？

发现

· 你的选择有哪些特点？你着重"外在"还是"内在"的价值观？这反映了什么？

· 别人与你对同一种价值观的定义有何不同？对你有什么启发？

未来

· 你选出的工作价值观与你心仪的工作有关系吗？

· 这些价值观如何影响你选择未来人生的发展方向？哪些价值观需要重

新调整来做出配合？

经验之谈：

· 活动前，工作者可先向青年人介绍工作价值观分为"外在"（extrinsic）和"内在"
（intrinsic）。"外在"价值观与工作性质没有关系，如薪金、工作时间及工作环
境等；"内在"价值观则与工作性质有关，如有意义的工作、有美感的工作等。

· 有两个重要概念必须向同学介绍：马斯洛（Maslow）的需要层次理论
（Hierarchy of Needs）及威廉·格拉瑟（William Glasser）的选择理论（Choice
Theory）（工作者可参考《创路达人从零开始》）。让青年人明白价值观背后其
实是一些我们想满足的需要，我们会根据这些价值观去作选择。

· 工作者应牢记这类动脑筋活动，对不习惯思考的人来说有一定困难。所以，事
前要牢记给予他们多一点身体及脑袋的热身，否则，他们很快会变成"睡宝
宝"！当然，作为工作者，你可以提醒他们要计划未来必须学习训练脑袋思
考呢！

工作纸： 工 作 价 值 观

请在下列各项中，选出十项你认为重要的，并在旁边的横线以"√"做记号。

_____工作保障   _____工作有美感

_____薪金优厚   _____生活方式

_____威望   _____个人发展

_____独立工作   _____涉及体能运动

_____有创意   _____工作性质多样化

_____归属感   _____工作环境

_____权力   _____冒险

_____文化身份认同   _____有意义

_____成就感   _____非凡的体力

_____可发挥个人才能和知识   _____团队工作

_____良好的晋升机会   _____与同事有良好工作关系

_____有业余时间给亲友

工作、职业、事业、使命！

目的： 让青年人认知几个重要概念，清楚工作信念与价值观，有助于具体计划未来。

人数： 不限（建议以小组进行）

时间： 20 分钟

地点： 室内外皆可

物资： "词语定义"工作纸（若以小组形式进行，建议使用海报纸）及颜色笔

流程： 1. 各组于限时内在工作纸上写上对工作、职业、事业与使命的看法。

　　　　2. 完成后将各组的大工作纸拼贴在一起，比较各组对这些词语的诠释。

　　　　3. 全体讨论，再澄清这四个词语的意思（参第 103 页）。

解说： **事实**

　　　・ 你能清楚分辨这四个词语有何不同吗？

　　　感受

　　　・ 分辨过程感觉如何？困难吗？为什么？

　　　发现

　　　・ 定义这四个词语时，你有什么发现？

　　　未来

　　　・ 认识工作、职业、事业与使命的不同后，你会如何计划未来？

经验之谈：

・ 青年人对这些概念大多数时候混淆不清，反映出他们内心混乱的价值观。这情况对于一些不善思考的青年人更困难，他们甚至没有动机将价值观和想法分辨清楚！工作者在带领活动时，要鼓励青年人尽量发掘这四个词语的不同，甚至直接用他们的状态来说明。现今年轻一代的价值和想法混乱，又有逃避思考的惯性，让他们更深体会这种状态阻碍他们创路，要积极改善。

工作纸： 词语定义

工作
Work

职业
Occupation

事业
Career

使命
Vocation

指引：工作、职业、事业及使命定义参考

词语定义

指个人谋生的活动。透过工作，个人以体力劳动换取*经济回报*。

工作
Work

指个人从事的工作类别，*反映社会阶级观念及对个人身份的评价*。

职业
Occupation

指个人透过与工作有关的活动*发挥自己*，包括个人技能、兴趣和价值观；也指个人在不同人生阶段累积与工作有关的经验。

事业
Career

指一项适合当事人，或当事人被感召要*持续进行的特定工作/任务/责任/召唤*。因此，当个人事业符合时，事业同时也成为使命。

使命
Vocation

人生事业三角

目的： 帮助青年人从不同层面反思个人的生涯规划，了解个人价值选取与人生和事业的关系。透过认识人生与事业的不同层次，鼓励他们订立有意义的人生与事业目标。

人数： 不限

时间： 30 分钟

地点： 室内（最好有桌子方便书写）

物资： "人生使命"工作纸和圆珠笔

流程： 1. 回答工作纸上不同层次（生存/自尊与自我实现/意义与目标）的问题。

2. 将答案放于"人生事业三角图"上做比较。

解说： **事实**

· 你在三角图上不同层次的答案是什么？你能一一回答吗？

感受

· 回答过程中有什么感受？

· 你觉得哪一题最难回答？为什么？

发现

· 从人生事业三角，你发现现时的目标定于哪个层面？符合你的期望吗？

· 当比较人生目标与事业目标时有什么发现？方向一致还是大相径庭？

未来

· 规划人生时，你会如何调整人生与事业的目标？

经验之谈：

· 对青年人来说，"生存"、"自尊感与自我实现"和"意义与目标"这几个层面或许是很复杂的概念，工作者先示范作答，让青年人更易掌握不同层次的意义。

· 这是一个很好的生涯规划练习，帮助青年人从"生存"、"自尊感与自我实现"和

"意义与目标"不同层面的提问,思考人生与事业的方向及目标,让他们深思个人的价值信念与未来生涯规划。所以这个活动除了在"装备"阶段使用外,更可于"实践"阶段进行,随着青年人积累更多实际创路经验,他们会思考得更深入。

工作纸: 人生使命

意义/目标

事业
我如何通过工作
做出贡献?

人生
我的人生有何目标?
我有什么使命?

自尊感/自我实现

事业
如何运用我的长处?
我的兴趣是什么?
什么对我最重要?

人生
什么有意义的事是
我很想做的?

生存

事业
如何找到一份工作?
如何解决生计?

人生
如何运用时间?

指引: 人生事业三角图

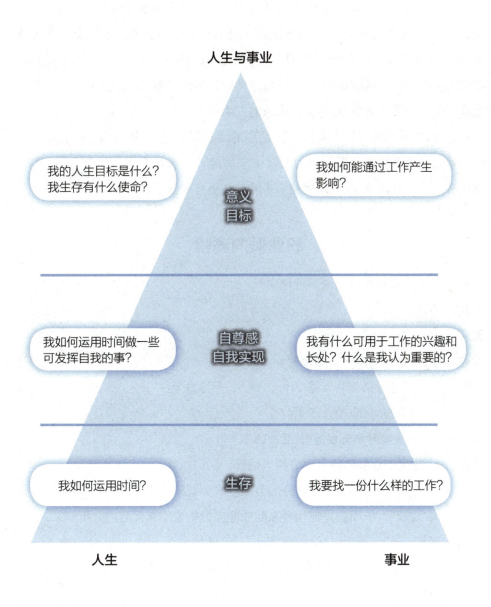

活动二： 放眼未来系列

青年人规划个人生涯,有时不知从何入手。放眼未来系列提供一些生涯规划辅助工具,给青年人规划人生的方法,让他们认识自己的职业倾向,认清心底梦想;从而认识人生中的不同角色、认知创路的困难与挑战。当青年人放眼未来,开阔未来视野,除了令他们能更清晰及更具体预计成果,创路动机也会因此提高,更能掌握今天所需要的装备,为自己未来的人生努力!

此外,这系列也可与生命有"价"系列的活动配合进行,因为青年人的内在信念与价值观很多时候会限制他们放眼未来的能力。假如青年人对个人的工作价值观有更深入的认识及调整,规划未来时就会更有准备了。

职业倾向测验

目的： 让青年人认识个人的职业倾向。

人数： 不限

时间： 30 分钟

地点： 室内(最好有桌子方便书写)

物资： · "职业倾向问卷"(第 110—114 页)及原珠笔

· 分数统计纸(第 115 页)

· 职业倾向分析表指引(第 116 页)

流程： 1. 派发职业倾向问卷供青年人回答。

2. 完成后,将问卷中各部分的分数填在分数统计纸上。

3. 计算后,依职业兴趣代码在职业倾向分析表中查阅相关分析。

解说： **事实**

· 你的职业倾向测试结果是什么？你属于哪类型？

感受

· 你对这个测试的结果有什么感受？

发现

· 经过这个测试,你对自己的兴趣和潜能有什么新发现?

· 测试结果所反映的职业倾向,与你心仪的职业是否一致? 为什么?

未来

· 你会选择什么类型的职业? 职业倾向测试对你这个选择有什么影响?

经验之谈:

· 进行这个测试前,工作者可作一些简单的准备。如邀请青年人分享或写下自己有兴趣的职业或行业。测试后,将测试结果做比较,看看他们心目中感兴趣的职业,与自己的职业倾向是否配合。

· 当然,工作者也要留意这个职业倾向测试只供参考,所得结果不等于青年人真正的职业倾向。当中有不少答案会随青年人人生阅历的增长而改变。所以,工作者带领此活动时,谨记提醒青年人他们的可塑性,让他们有正确态度理解测试结果。

· 完成测试后很多人都有兴趣了解,何种职业有何种倾向代码,以了解自己有兴趣的职业是否符合个人倾向? 或者个人倾向适合什么职业? 工作者可参考《霍兰德职业代码词典》(*Dictionary of Holland Occupational Code*),引发青年人认识及了解不同职业的内容。

 **工作纸：** 职 业 倾 向 问 卷 1

这问卷能反映你对某类活动或工作的喜好倾向，帮助你进一步了解自己的兴趣和潜能。

1. 活动兴趣

请"√"出你"喜欢"的项目，及记下每项"√"的数目

R	喜欢
修理电器	_____
喜欢汽车、零件等东西	_____
装配计算机	_____
喜欢做木工	_____
喜欢使用机器	_____
喜欢钓鱼、饲养动物	_____
喜欢阅读与机械有关的资料书	_____
喜欢搭模型	_____
	总数：（ ）

I	喜欢
阅读与科学有关的书报杂志	_____
喜欢做实验	_____
喜欢参观科学馆	_____
研读理科理论	_____
研读自己选择特定的题目	_____
运用数理来解决问题	_____
选读理科科目	_____
喜爱研究天文学问题	_____
	总数：（ ）

A	喜欢
绘画	_____
演戏	_____
设计	_____
参加乐队	_____
写稿	_____
摄影	_____
读文学作品	_____
选修艺术科目	_____
	总数：（ ）

职业倾向问卷 2

S	喜欢
会见辅导员	_____
阅读有关社会性的书或报刊	_____
做服务性工作（例：红十字会）	_____
照顾小孩	_____
阅读心理学的书	_____
帮助残障人士	_____
选修人际关系课程	_____
	总数：（　）

E	喜欢
影响别人	_____
推销产品	_____
学习商业成功策略	_____
自己开店、做生意	_____
领导任何组别	_____
会见重要行政人员领导	_____
带领一组人达成一些目标	_____
组织或主持活动	_____
	总数：（　）

C	喜欢
喜欢填表格	_____
喜欢汽车、零件等东西	_____
喜欢处理数字	_____
喜欢组织文件档案	_____
输入计算机数据	_____
设立文件系统	_____
喜欢使用计算机工作	_____
喜欢列清单（做事、账目）	_____
喜欢有组织的办事方式	_____
	总数：（　）

**工作纸：** 职 业 倾 向 问 卷 3

2. 你对哪类职业有兴趣

请在你喜欢的职业圆圈内加上√号：

R

○飞机工程师　　　○测量员

○建筑测量师　　　○电台技术员

○机械工程师　　　○电子技术员

○汽车修理员　　　○计算机维修员

○厨师　　　　　　○木工师傅

○空调工修理　　　○干农活

"√"之数目：＿＿＿＿＿＿＿

I

○地质学探测员　　○生物学研究员

○医学化验员　　　○动物学家

○案件调查　　　　○环保工程

○科学杂志编辑　　○科学研究员

○数学家　　　　　○天文学家

○医生、医护人员　○工程师

"√"之数目：＿＿＿＿＿＿＿

A

○画家　　　　○记者　　　○漫画师

○剧作家　　　○作家　　　○演员

○作曲或填词　○编辑　　　○媒体工作者（如：电影、电视）

○室内设计　　○摄影

○歌星

"√"之数目：＿＿＿＿＿＿＿

职业倾向问卷 4

S

○心理学家　　　　○教师

○辅导员　　　　　○公益组织工作

○社会工作者　　　○物理治疗师

○青少年工作者　　○社会福利工作人员

○夏令营导师　　　○节目统筹

○儿童工作者　　　○活动助理

"√"之数目：＿＿＿＿＿＿＿

E

○导游　　　　　　○广告行业

○制造业代表　　　○电台、电视节目主持

○保险行业　　　　○地产行业

○公司经理　　　　○推销员

○商业机构行政人员　○司仪

○酒店接待员　　　○新产品经理

"√"的数目：＿＿＿＿＿＿＿

C

○银行业　　　　　○经济分析师

○会计　　　　　　○办公室经理

○计算机操作员　　○文员

○金融财务行业　　○数据组织储存

○图书管理　　　　○库房管理

○库房管理　　　　○保安行业

"√"的数目：＿＿＿＿＿＿＿

工作纸： 职业倾向问卷 5

3. 能力评估

请依下列特性评估自己，你认为自己的能力如何，就依直觉圈出号码。

3.1

	机械 能力	科学 能力	艺术 能力	教导 能力	销售 能力	组织 能力
高	7	7	7	7	7	7
	6	6	6	6	6	6
	5	5	5	5	5	5
中	4	4	4	4	4	4
	3	3	3	3	3	3
	2	2	2	2	2	2
低	1	1	1	1	1	1
	R	I	A	S	E	C

3.2

	用手操 作能力	数学 能力	音乐 能力	了解别 人能力	管理 能力	文书 能力
高	7	7	7	7	7	7
	6	6	6	6	6	6
	5	5	5	5	5	5
中	4	4	4	4	4	4
	3	3	3	3	3	3
	2	2	2	2	2	2
低	1	1	1	1	1	1
	R	I	A	S	E	C

请把以上两项分数加起来：

_____ _____ _____ _____ _____ _____

R   I   A   S   E   C

工作纸： 分 数 统 计 纸

姓名：＿＿＿＿＿＿

职业兴趣及能力评估

活动	Realistic 实际型	Investigative 探究型	Artistic 艺术型	Social 社交型	Enterprising 企业型	Conventional 传统型
	分数——请记录每项"√"之数目：					
1. 活动兴趣	＿＿ R	＿＿ I	＿＿ A	＿＿ S	＿＿ E	＿＿ C
2. 职业兴趣	＿＿ R	＿＿ I	＿＿ A	＿＿ S	＿＿ E	＿＿ C
3. 能力评估	＿＿ R	＿＿ I	＿＿ A	＿＿ S	＿＿ E	＿＿ C
4. 总分	＿＿ R	＿＿ I	＿＿ A	＿＿ S	＿＿ E	＿＿ C

职业兴趣代码：

最高分	第二高分	第三高分
☐	☐	☐

指引： 职业倾向分析表

	实际型(R)	探究型(I)	艺术型(A)	社交型(S)	企业型(E)	传统型(C)
适合从事的活动及职业	使用机器、工具及对象	探索及理解事件和对象	阅读,音乐或艺术活动、写作	帮助,教导,辅导或服务他人	游说或指导他人	执行有秩序的例行公事,符合清楚的标准
看重的价值观	可观察的成就,常识	知识,学习,成就,独立	创意,自我,表达,唯美	社会服务,公平,理解	财务及社会上的成功,忠诚,冒险,负责任	准确,赚钱,节俭,在商务或社会事务上的权力
视自己为	重实践,保守,手工,机械操作的技巧较社交技巧为佳	分析性的,有智慧的,怀疑的,学术技巧较文书或办公室技巧为佳	想象力丰富, 高智能,创作技巧较办公室技巧为佳	同理心,耐心,社交技巧较机械操作为佳	有信心,喜欢与人交往,销售或游说能力较科学能力为佳	重责的,重实践,商业或生产上的技能较艺术能力为佳
在别人眼中是	谦虚,坦白,依靠自己,坚定	有智慧,内向,学者型,独立	不平常,没有秩序,创作性,敏感	乐于助人,令人愉快,喜欢与人相处,有耐性	有动力,外向, 精明,有野心	谨慎,规则导向,有效率,有秩序
避免	与他人互动	游说他人或向他人推销	例行公事及规则	机械操作及技术性活动	科学,智能或复杂的课题	缺乏清晰指引的工作
职业范畴	体力或实践活动,使用机器,工具或物料	分析性或智能性活动,以解决难题或开拓和使用知识为目的	音乐,写作,表演,或雕塑等创作活动,智能性工作	以帮助和支持的方式与他人协作	销售,带领,游说他人去达到个人或组织的目标	以对象,数字,或机械去工作,符合特定的标准
职业举例	木匠,货车或大农场管理人	心理学家,微生物学家或化学家	音乐家,室内设计师或编辑	辅导员,教师	律师,零售店经理或生产商	影视制作剪辑人员,速记员或文员

生命彩虹

目的： 帮助青年人认识人生中不同阶段的角色。

人数： 不限人数

时间： 30分钟

地点： 室内（最好有桌子方便书写）

物资： "生命彩虹"工作纸、颜色笔

流程： 1. 每人获发一张"生命彩虹"工作纸，各人预计自己人生中，不同阶段会出现的角色（如学生、父母）。每个角色用一种颜色表达，按角色出现的年龄涂上生命彩虹。

2. 完成后在小组中分享。

解说： **事实**

· 今天的你有多少个角色？哪个角色占用你人生最长或最短时间？

感受

· 你认为哪个角色较重要？为什么？你最期待哪个角色？

发现

· 哪些生命中曾承担或正在承担的角色原来是你一直忽略的？

· 是否发现一些你可能会承担的新角色？如何准备自己？

· 不同角色出现的时间是否有冲突？

未来

· 看过这道"我的生命彩虹"后，你对未来有什么具体计划？

· 你如何处理不同角色同时出现时可能发生的冲突？

经验之谈：

· "生命彩虹"是一个简单的生涯规划工具，帮助青年人有效预计未来、思考人生，培养他们迎向未来的动力。过程中，不同的人生角色和出现的年岁，反映他们的价值取向及原生家庭对他们的影响，工作者可加以留意，引导青年人发

现这些内在信念对他们计划人生的影响。

· 过去与青年人进行"生命彩虹"时，他们很多时会提到婚姻及家庭，表达他们的恋爱及婚姻观，工作者可借此提醒及教授正确的观念。

· 分享时，工作者可以根据青年人为角色涂上的颜色概括掌握他们对所承担角色的感受。有些是他们不想承担的，但又放在彩虹上！这一点值得工作者与他们一起探讨。

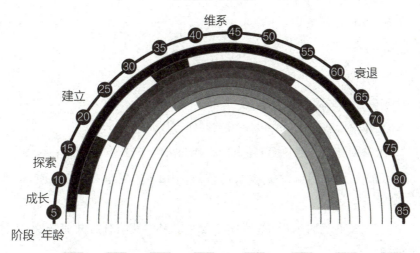

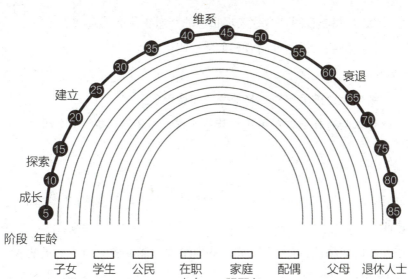

工作纸: **生 命 彩 虹**

梦想心智图

目的： 帮助青年人认清自己的梦想。

人数： 人数不限

时间： 30 分钟

地点： 室内外皆宜

物资： 图画纸、颜色笔

流程： 1. 先介绍心智图法（mindmap）的制作方法。

2. 派发图画纸及颜色笔，各人以心智图法制作自己的"梦想心智图"。

3. 完成后请他们写出在"梦想心智图"中出现的梦想之共通特质。

解说： **事实**

· 你的梦想何时出现？它们是什么？这些梦想有什么共通之处？

感受

· 想起自己的梦想有什么感受？

· 看着这幅"梦想心智图"又有什么感受？

发现

· 从"梦想心智图"中，你发现自己的梦想有什么共通特质？

· 这些特质与你的性格有相似之处吗？

未来

· 认清自己的梦想对你择业是否有影响？

· 你认为有什么方法可让你梦想成真？你必须具备什么条件？

经验之谈：

· 这个活动可与"踏步游戏"（第 122 页）配合，让青年人尝试将"梦想心智图"具体延伸。

· 工作者在此活动前，可考虑播放一些电影片段刺激各人对梦想的思考，如《少林足球》中角色"酱爆"讲述梦想一段，提及每个人心中都有一团梦想之火，只是一直埋藏心底未被燃点。这些视觉画面最能刺激青年人进一步思考吧。

· 各人完成"梦想心智图"后,可在小组交流大家的梦想特质与个人性格及职业兴趣的关系;此外,各人可选择一个最希望达成的梦想尝试实践,借此让组员承托彼此的梦想。

踏步游戏

目的： 让青年人亲身感受实践梦想过程中面对的困难与挑战，认清创路计划的可行性，有助于他们澄清及修订创路目标及具体步骤。

人数： 不限人数

时间： 40 分钟

地点： 室内室外都可以，最重要的是能让组员大踏步

物资： · "踏步游戏"工作纸及圆珠笔

· 指引（主持人用，见第 125 页）

· 尼龙绳（作起步线用）

流程： 1. 各人先在工作纸上写下三年后希望达到的创路目标，然后再估计未来一年实践此目标要付出的行动。

2. 青年人在起步线后横排站立，面向前方。

3. 主持人按问题纸的内容提问，各人按指示向前或后退。

4. 青年人手握工作纸，在适当的字段涂黑，以示踏步的步伐。在答题纸上起点线为"0"，横轴为题号，纵轴为所行的步数。以第一题为例，若青年人回答"会"则可以前行一步及在工作纸上的第 1 题（横轴 1）的第 1 步（纵轴 1）一栏涂黑。

5. 有些题目要求青年人在工作纸上以文字作答。

6. 发问所有问题后，请青年人仍留在原位，并环顾其他组员与自己的距离。

7. 主持人实时向不同位置的人发问，可选择访问站在最前面及最后面的一位，了解他们为什么站在这个位置。

8. 活动完结后进行小组讨论。

解说：事实

· 你最后站在哪个位置？（可参考工作纸）为什么？

· 问题分了不同的部分（家人支持/朋友支持/实际行动/自我信念/性

格），哪个部分表现较差？哪个部分表现较好？为什么？

感受

· 过程中哪一步令你最犹豫不决？

· 你觉得哪一道问题最难回答？为什么？

发现

· 经历踏步的过程后，你对所订的目标有什么新发现？要达到目标，有什么困难与挑战？

· 你的目标是否可以达成？为什么？

未来

· 你的目标有什么地方要做出修改呢？

· 你如何面对实践目标时的困难与挑战？

经验之谈：

· 主持人在发问时可重复多次，确保青年人听得清楚及明白，并示范步伐的大小，以免各人步伐不同，影响整体效果。

· 过程中，青年人通常于第1及第2题时较为混乱，不知道该涂哪一栏。较理想是在初段安排人手协助或指导，让他们尽快掌握。

· 踏步游戏最理想的场地，是一处空间较宽敞的场所，好让青年人可以真实踏步，给他们体会及反思到底自己是原地踏步还是朝向目标进发。但若空间有限，青年人可在答题纸上画格子代替踏步。

· 无论以实际踏步或是画格子的方式进行，工作者在结束时都可以针对各人不同的处境做解说，除可让个人了解自己的创路目标是否可行，也让整个群体体会各人在创路上的状态，学习互相支持同行。

工作纸：踏步游戏

三年之后，我要达成的创路目标是……

＿＿＿＿＿

这一年内，我要完成……

＿＿＿＿＿

请回答：
第 4 条

第 14 条

第 15 条

第 22 条

第 23 条

第 24 条

1 2 3 4 5 6 7 8 9 10 11 12 13 14 15 16 17 18 19 20 21 22 23 24 25

28 27 26 25 24 23 22 21 20 19 18 17 16 15 14 13 12 11 10 9 8 7 6 5 4 3 2 1 0 1 2 3 4 5 6 7 8 9 10 11 12 13 14 15 16

指引： 踏步游戏（主持人用）

家人支持

1. 你会向家人分享你所定的目标。（向前 1 步）

2. 你相信你的目标会得到家人的理解和支持。（向前 1 步）

3. 家人对你实践这个目标，会带来很大压力。（退 1 步）

4. 你的目标与家人对你的期望是一致的。（向前 1 步或退 1 步，若退 1 步，请分享你认为家人对你的期望是……）

5. 在实践目标的过程中，你可以向家人坦白讲出困难及感受。（向前 1 步）

朋友支持

6. 你会向朋友分享你所定的目标。（向前 1 步）

7. 你相信你的目标会得到朋友支持。（向前 1 步）

8. 你的朋友跟你有共同目标。（向前 1 步）

9. 在实践目标的过程中，你可以向朋友坦白讲出困难及感受。（向前 1 步）

10. 你相信有超过两位或以上的朋友，成为你这三年的同行者。（向前 1 步）

实际行动

11. 这个目标出现在你心中已超过半年。（向前 2 步）

12. 你几乎每两天就想起这个目标。（向前 2 步）

13. 你已经开始为这目标搜集数据。（向前 1 步）

14. （请先写出你认为达成这个目标的第一步）你已经踏出了这一步。（向前 1 步）

15. （请先写出目前要实践这个目标的两个困难）你已有初步方法解决这些困难。（向前 1 步）

自我信念

16. 不论在实践目标的过程中有多辛苦，你相信自己会坚持下去。（向前 1 步）

17. 若实践过程出现困难，你相信自己会想办法处理，包括寻求别人的协助。（向前 1 步）

18. 若这个目标不能达成，你就是一个失败者。（退 2 步）

19. 你时常想无论自己怎样努力,结果都不会太好。(退 2 步)

20. 其实你心底里并不相信自己能达到这个目标。(退 2 步)

性格

21. 你相信自己的成绩及能力等有助于你达成目标。(向前 1 步)

22. 你相信自己的性格跟这个目标是配合的。(向前 1 步)(请分享)

23. 你知道自己的性格在实践这个目标时会带来什么障碍吗?(向前 1 步)(请分享)

24. 你已经知道有什么方法去克服这些障碍。(向前 1 步)(请分享)

25. 若你的目标跟性格不协调,你会选择调节你的性格而不是放弃目标。(向前 1 步)

活动三：　造大楼系列

当青年人学习为创路筹划，想到要达成的目标，会感到一份不能掌握未来的无力感，促使他们对当下的规划做更充足与周详的准备。造大楼系列要求青年人完成一项建筑工程及多项赚钱任务，让他们学会计划未来，增强未来感。赚钱任务除了让青年人知道要为定下的目标付出代价外，更挑战他们不同的能力素质，让他们更了解自己的创路资源，或发现自己仍欠缺的能力；并借着群体成功的经验，增强他们个人的效能感。所以，各赚钱任务可独立安排做团队训练和小组解难活动。

造大楼工程

目的： 让青年人通过仿真建筑工程学习计划未来，不单为未来定下目标及实践步骤，更期望他们学习预计实践时可能遇上的困难与挑战，在不能预知转变的情况下调节目标及达到目标的方法。

人数： 分组进行（建议 6—10 人一组）

时间： 2 小时（不包括赚钱任务）

地点： 室内外皆可（各组要分别造一间大楼，场地要足以容纳多组人，让各组都看到其他组别的大楼，增加活动的竞争性！）

物资： ·　道具纸币（建议为大额纸币，于各项赚钱任务中使用）

　　　　·　白纸（设计图纸用）、透明胶带纸/尼龙绳（用作土地分界线）

　　　　·　造大楼材料（详参建筑物料价格表）、建筑项目工程单、建筑物料价格表

　　　　·　眼罩（组员建屋不慎出界时带上）

　　　　·　纸板（风力测试用）

流程： 1. 青年人先在不同的赚钱任务中赚取金钱做为建筑项目的成本。

　　　　2. 完成任务后，主持人派发"建筑项目岗位表"（第 130 页），各组实时讨论及分配角色。

　　　　3. 随后主持人派发"建筑项目工程单"（第 131 页），让大家了解工程的详

细内容及要求。

4. 当人手及目标清晰后，各组会收到"建筑物料价格表"（页 132），小组按大会提供的材料构思大楼的设计，及按物料价格预算建筑材料开支。

5. 举行土地拍卖及购买建筑物料，各组按所赚得的金钱及计划的预算做竞投。

6. 完成竞投，造大楼工程实时展开。各人或物资不得离开所属土地，否则需要蒙眼暂停（建议一分钟）或没收物资。

7. 小组必须在指定时间完成造大楼并符合工程单内的要求。（例如可以覆盖全组人）

8. 最后进行风力测试，看看各组的大楼是否巩固。

解说：事实

· 哪些赚钱任务挑战成功？哪些失败？

· 最终你们建的大楼如何？

· 由赚钱任务到造大楼工程，你在小组中的角色是怎样的呢？

感受

· 由赚钱到买物料，至建成大楼，完成整个工程，你的感受如何？

· 过程中最深刻的片段和感觉是什么？

发现

· 众多任务中，哪些是你的强项？哪些是你的弱项？

· 过程中，你最深刻的学习与心得是什么？

· 对于小组组员，有什么新发现？

未来

· 各项任务中，对你的未来有什么启发？有没有地方要好好装备自己？

· 经历完建大楼的庞大工程后，你想向自己或组员说一句什么话？

经验之谈：

· "造大楼"目的是给青年人一个可见的目标去筹划，所以工作者也可以用其他任务代替,例如"建大桥"让遥控车顺利驶过等等。各组负责预备兴建大桥的不同组件,除了能培养青年人的未来视野,也可训练与挑战各组协商合作,让青年人明白,需要不少人共同计划及协调沟通,才能有美好的未来。

- 土地面积及建筑材料都可弹性处理,工作者可根据时间决定竞投或者大会分发材料。最要紧的是让青年人感受到今天的努力会影响明天所拥有的资源。

- 赚钱任务考验青年人的沟通技巧、智力、耐力、逻辑推理等,工作者可按不同需要灵活安排任务内容(留意各任务都要有充足的人手安排)。任务最重要是鼓励青年人发挥独特才能,让他们肯定自我的能力。工作者也可安排每项任务由小组派出 1—2 位组员任组长,让他们发挥领导才能。

- 活动以小组形式进行,有竞争成分,工作者必须留意竞争气氛是否过于强烈以致引起冲突。要牢记活动的最终目的不是输赢,而是发掘青年人的不同能力与素质。所以活动进行时,工作者不要单鼓励小组间比拼,要将焦点放在组员身上,鼓励组员尽情发挥个人才能赚取金钱。

指引： 建筑项目岗位表

项目经理职责

1. 项目进度：确保建筑项目的进度，按时完成。

2. 照顾员工：留意各员工的情绪，了解工作情况。

3. 协助建筑：必须协助分担建筑工程。

设计师职责

1. 设计绘图：在收到建筑指示后，设计实用的建筑，并完成草图。

2. 互相协调：必须与工程师有良好沟通，使设计能完成。

3. 协助建筑：必须协助分担建筑工程。

工程师职责（2 人）

1. 实践设计：将设计师的构思，配合材料，建构实物。

2. 互相协调：必须与设计师及建筑工人有良好沟通，使设计能完成。

3. 提供指示：向建筑工人提供清晰指示，使工人能完成建筑工程。

4. 协助建筑：必须协助分担建筑工程。

财产管理职责（2 人）

1. 管理：妥善管理小组所得的金钱及所买的物资。

2. 运用：必须有智慧运用所赚的钱，并向项目经理及其他员工负责。

3. 协助建筑：必须协助分担建筑工程。

建筑工人职责（3 人）

执行：按工程师的指示，努力工作直至工程完成。

指引： 建筑项目工程单

建筑项目：大楼

建筑条件：

1. 能容纳全组组员

2. 坚固（能抵受风力测试而不倒塌）

其他建议（各组项目不同）：

建筑项目一：架设大桥

建筑条件：

1. 大桥高度必须离地 30 厘米

2. 桥面宽 50 厘米

3. 大桥全长 1 米

4. 大桥必须足够承托一辆模型车在上面行走

建筑项目二：隧道

建筑条件：

1. 隧道高 1.75 米

2. 隧道宽 75 厘米

3. 隧道长 50 厘米

建筑项目三：2 个斜台

建筑条件：

1. 斜台最高点离地 30 厘米

2. 斜台必须能承托重物

3. 斜台斜度不能大过 50 度

4. 斜台台面必须宽 50 厘米

5. 斜台必须足够承托一辆模型车在上面行走

指引： 建筑物料价格表

项目	数量	价钱
长竹竿	20根	每根 RMB6元
短竹竿	10根	每根 RMB8元
报纸	15份（每份有5叠）	每份 RMB4元
大画纸	10份（每份5张）	每份 RMB5元
刀	2把	每把 RMB3元
布条绳	20条	每条 RMB2元
封箱胶带	6卷	每卷 RMB3元
透明胶带	10卷	每卷 RMB4元
剪刀	3把	每把 RMB3元

购买细则：

1. 购买时间共有10分钟，轮流购买。 为公平起见，购买次序会以最少钱的一组为先。
2. 每组每次只能买一种物料，数量不限。
3. 每组每次到达购买摊位后，10秒内必须说出所要购买的物品，若10秒内未能决定，当视为放弃购买权。

指引： 赚钱任务总表

任务名称	挑战能力
1. 七巧板	沟通技巧
2. 破解鸡鸭鹅密码	数据分析+ 逻辑思维
3. 画条鱼画艘船	观察力 + 关联触觉
4. 古怪家庭过河	数据分析 + 逻辑思维
5. 数砖	耐性 + 专注力

赚钱任务 1： 七巧板

目的： 帮助青年人学习有效沟通。

人数： 6—10 人

时间： 30 分钟

地点： 室内外皆可（取决于参与活动的小组数目及各小组能否同时参与一项挑战而调整。由于这项目要挑战青年人的沟通技巧，工作者要衡量活动场地，避免小组相互影响）

物资：
· 大型七巧板及七巧板图形纸
· 绳、封箱胶带（当场地没有清晰界线时使用）
· 秒表

流程：
1. 每组派出 2—3 位组员拼七巧板，其余组员负责思考七巧板图块如何组合。

2. 拼板组员过程中不准说话，只可以身体语言作沟通。负责思考的组员指示及引导他们砌出图案。

3. 在限时内，每完成 1 幅图形可获 5 万元。（工作者可按对象自行调节时限及奖金）

经验之谈：

· 按以往经验，发指令的青年人往往只从个人角度出发，例如说"左方"，其实是拼板组员的"右方"。原来沟通很多时是"沟而不通"的，因为我们没有从别人的角度来考虑。这个现象值得作为向青年人解说人际关系的课题，好让他们进入职场时，懂得与上司及同事有效沟通。

· 如想加强对青年人的挑战，可以为表达与聆听方式加上难度，例如要求青年人用普通话或英语表达；或加远距离、加设障碍物来增加聆听时的难度。

· 完成所有赚钱任务才进行解说（第 128 页）。

工作纸：　七巧板图形纸

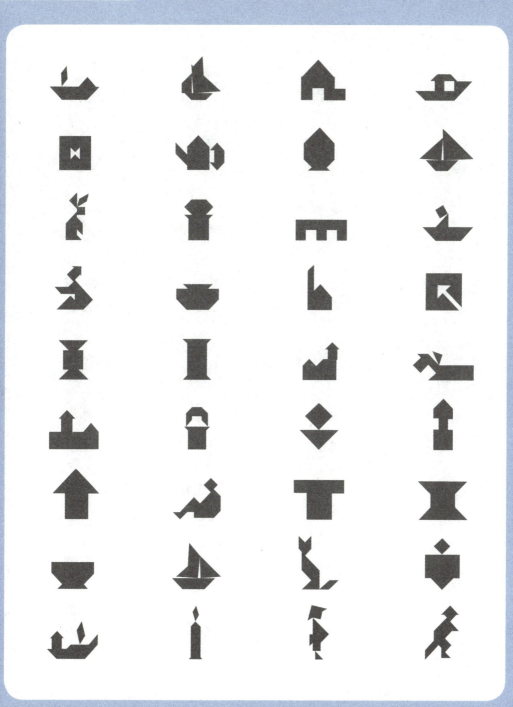

工作纸： 七巧板图形答案

赚钱任务 2：破解鸡鸭鹅密码

目的： 挑战青年人的理解及分析能力，训练清晰思维。

人数： 6—10 人

时间： 20 分钟

地点： 室内外皆宜

物资： · 鸡鸭鹅题目纸、白纸（计算用）、笔

　　　　 · 秒表

流程： 全组人限时共同计算答案。

题目： 假设鸡腿和鸡翅是量度距离新单位，烧鸭和烧猪是量度时间新单位。现在，有一位大伯由沙头角，经旺角、荔枝角往北角。大伯走完全程需要多少时间？

提示：

1 只鸡腿 = 5 只鸡翅

1 只烧鸭 = 10 只烧猪

2 只鸡翅 = 1 米

1 只烧猪 = 3 小时

1 只烧鸭 = 17 只鸡爪

沙头角去旺角 = 11 只鸡爪 + 3 只鸡翅

旺角去荔枝角 = 8 只鸡爪

荔枝角去北角 = 9 只鸡爪 + 4 只鸡翅

答案：52 小时（以最接近者为答案，有需要时四舍五入）

参考时限及奖金：（工作者可按对象自行调节）

于 10 分钟内计算出正确答案可获 20 万元

于 15 分钟内计算出正确答案可获 15 万元

于 20 分钟内计算出正确答案可获 10 万元

超过 20 分钟未能计算出正确答案可获 1 万元

经验之谈：

· 活动的目的是挑战青年人分析、理解与整理数据的能力，我们刻意混乱题目的提示，也加插一些不相关的数据。工作者可以按照活动的对象做出相应调整。

赚钱任务 3： 画条鱼画艘船

目的： 挑战青年人的观察力,对事物关联性的理解,并分工合作解决难题。

人数： 6—10 人

时间： 30 分钟

地点： 室内外皆宜(有地方画画就可以)

物资：
· "画条鱼画艘船"工作纸及答案纸、白纸(计算用)、圆珠笔、粗线条颜色水笔

· 秒表

流程：
1. 每人获发工作纸 1 张,各人按工作纸中的示范图案(包括: 2 条鱼 1 艘船),于其他空格中,连成相同形状但摆放位置不同的 2 条鱼及 1 艘船。

2. 提示：每 1 点只可用 1 次;图案可以重叠。

3. 过程中,每人只可在自己的工作纸上绘画,小组其他组员可以相互参考。

4. 在规定的时间内完成 1 幅图案,正确的可获得 1 万元。(工作者可按对象自行调节时限及奖金)

经验之谈：

· 为方便更快核对答案,工作者可将答案复印在透明胶片上,答案线条涂上颜色,然后将青年人的工作纸放在胶片下核对,结果就一目了然。

· 青年人参与这个活动时,第一时间问我们有没有铅笔,但我们故意要他们使用圆珠笔,画错了就只可用另一种颜色笔再画,这做法是想让他们体会"错了不可擦掉",学习认真考虑清楚才下笔的态度。

· 在赚钱任务中,我们通常都先收起各组的作品,核对后才发放完成任务应当得的奖金,这样可以加快活动进度。

工作纸: **画条鱼画艘船**

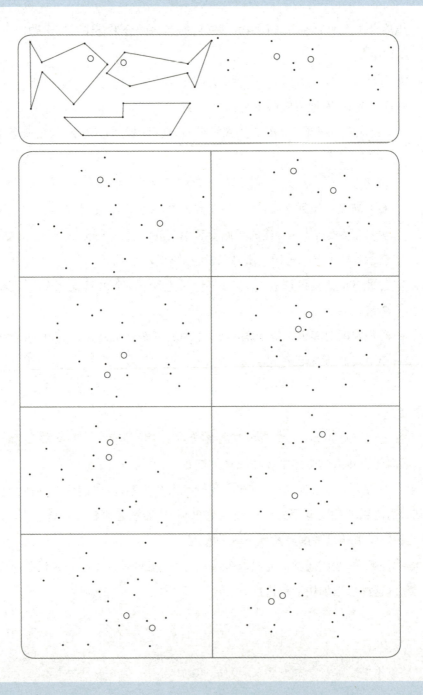

工作纸： 画条鱼画艘船答案纸

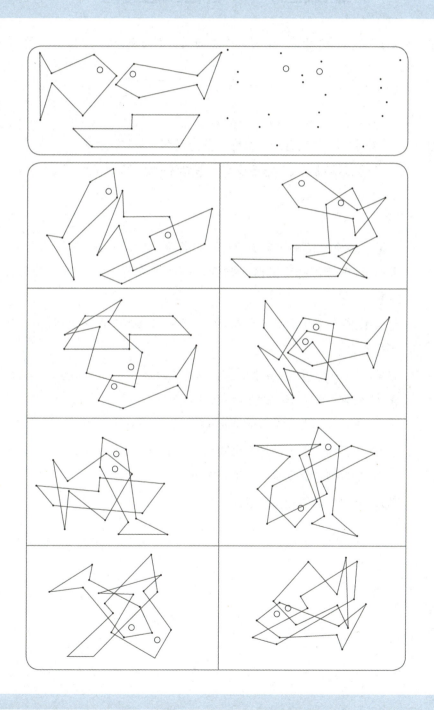

赚钱任务 4： 古怪家庭过河

目的： 挑战青年人的逻辑思维，学习以冷静的头脑面对复杂的处境。

人数： 8 人

时间： 30 分钟

地点： 室内外皆宜

物资： ·"古怪家庭过河问题纸"、家庭成员身份牌

    · 尼龙绳、封箱胶带（当场地没有清晰界线时使用）

    · 秒表

流程： 1. 全组人必须扮演家庭内的不同成员（爸爸、妈妈、儿子 2 名、女儿 2 名、工人四姐、小狗旺财），根据问题纸内的条件在规定的时间内合力解决难题。

    2. 过程中，组员必须拿着身份牌，并按照商讨的方案逐一过河（由一边走到另一边）。

    3. 答案：（工作者可按对象情况自行调节）

     于 15 分钟内各人安全过河可获 20 万元

     于 20 分钟内各人安全过河可获 15 万元

     于 25 分钟内各人安全过河可获 10 万元

     于 30 分钟内各人安全过河可获 5 万元

     超过 30 分钟仍未能安全过河获 1 万元

经验之谈:

· 工作者可自由决定河的距离,一定的距离使活动更加刺激,并考验组员的沟通能力。

· 活动人数若不够8人,可试试一人分饰两角,这也有一定难度。若多于8人,则可考虑邀请多出的组员任观察者,记下其他组员在任务中的情况。当然你也可增加故事中的角色配合活动人数,但记得增加相应的条件。例如:一次活动有10人参与,我们加设了三叔与侄儿的角色,条件是若三叔不在,侄儿便会"癫痫发作",无人可以协助,只有三叔与侄儿一起才不会病发;三叔可以驾驶小船,侄儿不能驾驶小船。工作者可自由创作,最要紧是解决问题:一家人成功过河。

工作纸: 古怪家庭过河问题纸

有一个古怪家庭过河，由于这个家庭实在太古怪，希望大家可以帮助他们过河啦！

1. 有一只船协助过河，但每次只能坐2人。（旺财也作1人计算）

2. 只有爸妈及工人四姐可以驾驶小船。

3. 爸妈非常恩爱，若爸爸不在，妈妈会过度思念丈夫，虐待两个儿子。

4. 爸妈非常恩爱，若妈妈不在，爸爸会过度思念妻子，虐待两个女儿。

5. 只有工人四姐可以控制小狗旺财，若四姐不在，它便会胡乱咬人。

答案

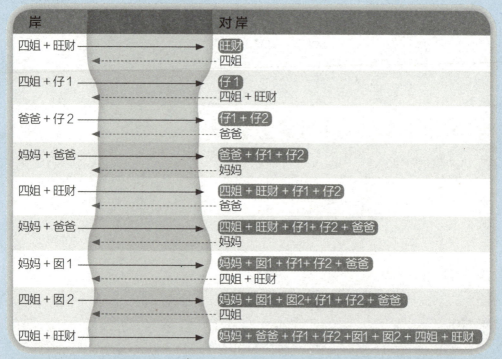

在 ▨ 内之人物，表示他/他们已到达对岸

工作纸：家庭成员身份牌

赚钱任务 5： 数砖

目的： 挑战青年人的耐性及专注力，分工合作解决难题。

人数： 6—10 人

时间： 30 分钟

地点： 有彩砖的地方

物资： · 纸及笔

· 秒表

流程： 全组人限时合作点算指定范围内铺有彩石的砖块数目。过程中只能用纸
笔记录，不可使用其他辅助工具（如手提电话）。参考时限及奖金（工作者
可按对象自行调节）：

于 15 分钟内数算出正确答案可获 20 万元

于 20 分钟内数算出正确答案可获 15 万元

于 25 分钟内数算出正确答案可获 10 万元

于 30 分钟内数算出正确答案可获 5 万元

超过 30 分钟仍未数算出正确答案获 1 万元（按时间长度递减）

经验之谈：

· 这个活动为青年人营造一种面对庞大困难的感觉，考验他们的耐性及专注力。
当然，并非到处都有彩砖铺地吧！所以不数彩砖，也可以数豆，甚至夹豆代替。
玩法与数砖大同小异，只要将不同种类的豆混在一起（记得事先点算清楚数
目），然后将它们散落在一处，让青年人点算某种豆的数目，或用筷子在杂豆中
夹出某一种豆，都可以挑战他们的耐性及专注力。

· 你也不妨发挥创意，自行设计一些挑战耐性、专注力，又给人一种庞大感觉的
任务让青年人试试啊！

人生旅程

目的： 让青年人透过戏剧性的场境，思考自己的人生信念，或在规划人生前路时，有一点真实的体验，了解自己的想法与现实中的差距，以便能准备好未来的创路，掌握实践步骤！

人数： 15 人以上（人多一点会有更多人生实况在活动中上演，丰富青年人的经历）

时间： 90 分钟

地点： 室内及室外

物资： · 每人 1 份"人生旅程手册"、记录卡和原子笔

· 各摊位物资及道具纸币（足够整个活动使用的现金，包括用作青年人的财富、不同工作职位的工资等）

流程： 1. 主持人必须先向青年人简介整个"人生旅程"的内容，让他们对这个"人生"不同情况下的安排有初步了解（如升学的出路、职场的不同工作种类等）。完成简介后，才派发人生旅程手册、记录卡及金钱。（预先设定每人的财富、健康及道德水平）

2. 问答时间。（让青年人对各项安排清晰了解才展开人生）

3. 青年人在手册中"我的目标"写上对这个"人生旅程"的目标。

4. 活动开始，青年人朝着自己的目标自行探索。

5. 活动进行中若有疑问，可到"民政局"摊位求助。

6. 时限一到，主持人吹响哨子或以闹钟警示，终结活动。各人马上集合，填写人生旅程手册中"人生完结时"。

7. 主持人可在青年人完成简单记录后，调查整体状况。（如有多少人大学毕业？ 结婚？ 成为上流人士？ 获发金紫荆勋章？ 死亡？）或挑选一些在活动中观察到的特别情况做个别访问。（如突然死亡、濒临死亡边缘却挣扎求存、工作辛酸苦况、感情长相厮守等）

解说：事实

- 请描述你的人生旅程如何？你的学业、事业、感情和家庭状况如何？

感受

- 过程中最深刻的感受是什么？
- 人生终结一刻，回顾起初订立的目标，你有什么感受？

发现

- 人生旅程中有什么阻碍你达到目标？又有什么帮助你达到目标？
- 过程中发现自己有什么性格特质值得保留？要改变？或者放弃？

未来

- 这个人生旅程，对你未来有什么启示？
- 有没有一些元素，你可以放进未来的计划中？
- 如果可以跟正在探索未来的自己说一句鼓励话，你想说什么？

经验之谈：

- 为了让青年人体会天有不测之风云，我们会请他们先填写人生旅程的目标，才派发设定了的财富、健康及道德水平记录卡。他们或许会比想象中穷、甚至会"患上"不同程度的癌症，立刻要走到死亡边缘。请工作者好好掌握这个设计的震撼。

- 的确，人要四处走走，才会有更多体会。工作者要特别留意人数与场地的关系。由于活动中设有很多不同摊位，若参与人数太多，空间不足，只会妨碍活动的进行。但若过于分散，会减少青年人"人生经历"的互动。所以，以往我们进行活动时，会尽量安排一个宽敞的室内连同室外的场地，让各摊位有足够空间，青年人的活动范围又能集中，可以看到其他人的经历，产生互动效果，丰富体验。

- 为加强青年人之间的互动，大会会安排小型扩音器做集中广播。若活动中有什么大事发生，如有人结婚、毕业、甚至死亡，我们会进行集中广播公布。让青年人了解同路人的经历，或者因此调整自己的人生计划。

· 活动需要大量工作人员维持摊位运作,平均一个摊位需要一位工作人员。故安排活动前,记得找充足人手。当然,若人手不足,可考虑简化活动内容或设综合摊位代替。

· 在摊位及内容设计上,工作者可按不同对象微调。如在大学举行,便要提高学业方面的要求,把原先要初中学历的设定提升至高中;职业的项目上也要做出相应调整,配合大学生毕业后的实际出路。

· 最后,不得不提工作者在活动过程中的角色。除了要顾及活动顺利进行外,也要观察周围青年人的不同经历,或请其他工作人员记录一些有趣的情境。这些都有助工作者在活动完结时,帮助青年人整理活动经验,及结合整个群体的共同经历。

 **工作纸：** **人 生 旅 程 手 册 1**

人 生 旅 程 手 册

姓名：_____

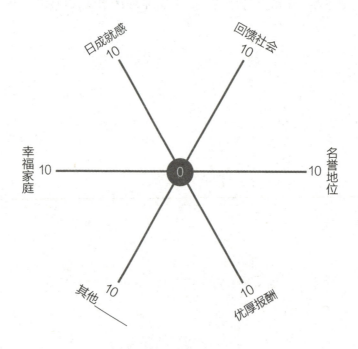

我 的 目 标

工作纸：人生旅程手册 2

欢迎你进入"人生旅程"，你将会在一个小时内经历属于自己的人生。 当中你可以选择升学，工作，结婚。 你的健康、财富、道德值均由抽签决定。 请细心阅读，并好好计划你的人生。

升学（考试前交 RMB1,200 学费及考试费给考官，考试后与考官猜拳决定你的生命值）

考试级别	考取资历
高二	升高三
高三	升大学一年级
大学一年级	升大学二年级
大学二年级	升大学三年级
大学三年级	大学毕业

工作（完成工作后，请与工作人员猜拳决定生命值，之后再付薪金）

职业类别（人数）	入职条件	所得薪金
1. 保管员（5）	初中毕业，刻苦耐劳,有气有力	RMB6,500
2. 会计（5）	初中毕业，对数字敏锐	RMB8,500
3. 记者（3）	高中毕业，有新闻触觉，主动，能独立工作	RMB11,000
4. 社工（2）	大学毕业，爱助人的热心	RMB14,000
5. 文秘（4）	高中毕业，文职工作，有条理	RMB8,000
6. 银行押运员（3）	初中毕业，警觉性高，有危险性	RMB8,500
7. 投资顾问（6）	高中毕业，有投资触觉，主动、有责任感，能独立工作	从投资金额中拿提成
8. 自行创业名店坊（4）	初中毕业，尝试做老板滋味，独立工作	自行决定
9. 警察（6）	1）高中毕业，军装 2）大学毕业，CID 必须先进行体能测试，男： 掌上压 20，女： 仰起坐 20	RMB11,000 RMB16,000
10. 导游（兼职）	喜欢与人接触，细心，时间观念强	底薪 RMB7,000，加小费，小费每人 RMB100
11. 演员（兼职）	学历不限，有自信，擅长搞气氛，能独立完成演出	每次演出 RMB2,500
12. 游乐场主管（2）	管理游乐场营运	RMB18,000
13. 贷款经理（2）	借贷给有需要人士，对数字敏锐	RMB18,000

工作纸：

人 生 旅 程 手 册 3

婚姻篇（请到民政局办理）

类别	资格	费用
结婚	只接受一男一女结合，结婚后会有红丝带绑着两人的手，不得解开	须支付 RMB1,200 婚姻注册费
离婚人士	双方愿意便可，但男方必须付女方赡养费。剪开红丝带，各人在手上绑上黄丝带	男方必须每年付女方 RMB3,000 赡养费

休闲活动篇

负责人	类别	所得报酬
居委会	1. 卖彩票	车马费 RMB100，道德+10；每奖券 RMB100，定期抽奖
	2. 监狱探访	道德+10
社保局	1. 学生贷款	只限学生借贷，每次最多借 RMB1,500，工作后分四期还款
旅行社	1. 豪华游	每次每人 RMB300，5 人成团，健康+5
	2. 游乐场	玩乐抽奖，不限筹码

地位篇（请到民政局办理）

类别	内容
1. 上流社会人士	累积道德 180，现金 RMB75,000 或以上，并拥有 8 件或以上名牌物品
2. 企业高管	累积道德 250，取得金紫荆徽章，可监狱探访
3. 罪犯	道德值扣减 8

死亡篇 生命状况每人都不一样，每次摊位进行活动前，摊位负责人会跟你猜拳，胜了生命+2，输了便-2，若跌至 0 便宣布死亡。死亡者须到坟场静坐，直至游戏完结。友人可前往扫墓，但不得交谈。

生命、财富及道德篇（于活动开始前进行抽签）
主持人会抽出参加者姓名，参加者自行选择一本记录簿，在记录簿上已预设了生命、财富及道德状态。主持人会额外再抽取 8 位学生有晚期癌症（生命值 6）、10 位学生有中期癌症（生命值 10）、12 位学生有初期癌症（生命值 14）。各人有一张贴纸标明为癌症病人，摊位负责人会跟癌症病患者猜拳，输了生命值-2，但胜了却不会加分。没有癌症的学生也会跟摊位负责人猜拳，输了生命值-2。

命运之神 会场有两位命运之神，手持一叠命运卡，选择不同的人抽卡以改变各人的命运。

死神 会场有两位死神，专门负责与不同人猜拳，以夺取性命为主要目标。

工作纸：

人 生 旅 程 手 册 4

人生完结时

完结时我的：

财富：＿＿＿＿＿＿　　健康：＿＿＿＿＿＿　　道德：＿＿＿＿＿＿

1. 你会怎样总结你在游戏当中的一生？

＿＿

＿＿

2. 你的目标达到了吗？　若以 1—10 去代表，10 为已经达到，你会给自己多少分？　为什么？

＿＿

＿＿

＿＿

人生旅程记录卡

人生旅程记录卡

姓名：

财富：RMB5,300 元

健康	20									
道德	18									

	高二升高三		高三升大一		大学一年级		大学二年级		大学三年级	
	1	2	1	2	1	2	1	2	1	2
教育	合格/不合格	合格/不合格	合格/不合格	合格/不合格	合格/不合格	合格/不合格	合格/不合格	合格/不合格	合格/不合格	合格/不合格

工作表现评估记录

工作表现 👍👍👍👍👍👍👍👍👍👍
👎👎👎👎👎👎👎👎👎👎

入狱记录			义务工作				学生贷款	婚姻状况
1	2	3	岗位	卖彩票	监狱探访		借款 借款	单身
4	5	6	次数	1 2	1 2		借款	已婚
				3 4	3 4		借款	
7	8	9		5 6	5 6		借款	离婚
				7 8	7 8		借款	

豪华游纪念印章

指引： 人生旅程各摊位内容及物资表

以下为 50 位中学生参与的人生旅程摊位建议。

简介：

· 过程中，你会拥有学历、金钱、生命值及道德值。这些数据会记录到人生旅程记录卡上。

· 升学：到考试中心考预科升大学，如大学毕业可以前往民政局拍毕业照。如金钱不足，可到社保局申请学生贷款。

· 工作：不同工作会为你带来不同程度的收入，用作娱乐、购物、旅行及做善事。不同工作有不同入职条件，由初中至大学不等。薪金，取决于工种。工种见各摊位。此外，当然有一些不正当工作，风险高、工资也高。

· 婚姻：见第 152 页。

· 生命值：每个人天生的生命值都不同。每次在摊位进行活动，摊位负责人都会与大家猜拳，胜了生命值 + 2，输了便 - 2。当中有三成人分别为初期、中期及晚期癌症病人。癌症病人会预先在记录卡中作标记。

· 道德值：可于社保局申请做义工（关心孤老、卖彩票）提升道德值。犯罪则会扣减道德值。若达特定条件，可成为上流人士、企业高管。（见第 152 页）

（以下各摊位的名称、内容、物资及人手均可弹性自行调节。）

	摊位	内容（深色字为年轻人可担任的工作）	物资	建议人手
1	考试中心	协助学生考试。 考生考试前先缴交 RMB1,200（包括学费+杂费+行政费+考试费等）。试卷分高一，高二，大一，大二，及大三毕业题。完成大三题目便能大学毕业。	· 桌子×3 · 椅×3 · 考试卷（不同程度） · 纸币（找零用）	考官3名
2	民政局	协助结婚程序，毕业程序，上流社会/企业高管登记程序，集中查询及各突发消息发布。 结婚：支付 RMB1,200 婚姻注册费，选择戒指，女方戴上头纱，拿起花球，拍结婚照。 离婚：男方须每年付女方 RMB5,000 赡养费（自行处理）。 毕业：穿戴毕业服及毕业帽，拿证书拍毕业照（拍照后立刻拿到相片）。 上流人士：资格（道德值 180，现金RMB75,000，拥有 8 件或以上名牌物品）佩戴特大照片像框。 太平绅士：资格（道德值 250）可取得金紫荆勋章，并可到监狱探访及与罪犯合照（拍照后立刻拿到相片）。	· 桌子×2 · 椅×2 · 纸币（找零用） · 小露宝（咪） · 结婚服饰（戒指等） · 毕业服饰（毕业帽等） · 特大照片相框 · 金紫薇勋章 · 拍立得相机×2（连 30 张菲林）	官员2名
3	永远坟场	死者自行到坟场拿起墓碑框框安坐，直至游戏完结。友人可前往扫墓，但不得交谈。	· 椅×10 · 墓碑框框×10 · 假花	管理员1名
4	监狱	协助监狱运作，管理罪犯及协调探监事宜。 入狱：处理警察带来的罪犯，带上眼罩，站立 10 分钟不得谈话，道德值- 8。 探监：摘下罪犯眼罩，由管教员监督过程。	· 桌子×1 · 椅×1 · 围栏×1 · 眼罩×5个	管教员1名

	摊位	内容（深色字为年青人可担任的工作）	物资	建议人手
5	警察局	应征者需经体能测试，男掌上压 20 下；女仰起坐 20 下。 武警×3：初中毕业，薪金 RMB12,000 （巡逻，维持社会秩序，截查可疑人物） 警察×3：大学毕业，薪金 RMB20,000 （打击卖彩票的非法活动）	· 桌 · 椅 · 软垫×5 张 · 警员服饰（徽章等） · 警员证（便衣用）	局长 1 名
6	社保局	社工×1：大学毕业，薪金 RMB14,000 （个案处理：必须约见一位扮演求助者的工作人员） 秘书×2：高中毕业，薪金 RMB8,000 （处理学生贷款：每次最高可借 RMB1,500，工作后分 4 期还款。定时到考试中心向学生贷款及跟进借贷人工作及还款情况，如有需要交警方处理。） （安排义务工作：售卖彩票，每次 20 张，必须将票尾带回换取报酬（车马费 RMB100 及道德＋ 10）。定期贴出抽奖结果。监狱探访，到监狱探访一位在囚人士，耐心地诵读美文。（道德＋ 10））	· 银纸（工资/贷款/义务工作之车马费） · 慈善奖券×500 张 · 探监美文 · 监狱探访证 · 个案故事 · 贷款记录表	局长 1 名、求助者 1 名
7	银行	押运员×2：初中毕业，薪金 RMB8,500 （负责将考试中心考试费及彩票收回银行） 银行投资顾问×2：高中毕业，薪金从投资中收取提成 （寻找客人在银行内做投资，在登记表记录，并以掷骰决定升跌及百分比，10 分钟后完结，汇报投资结果）	· 纸币（工资/投资用） · 押送员服饰 · 投资记录表 · 骰子（投资用）	经理 1 名
8	新闻部	记者×2：大学毕业，薪金：RMB16,000 （自行采访新闻及写稿，坐在桌前报道新闻）	· 纸币（工资） · 小露宝（咪）	老总 1 名

续　表

	摊位	内容(深色字为年青人可担任的工作)	物资	建议人手
9	旅行社	导游×2: 初中毕业,薪金: 底薪 RMB7,000 (小费每人 RMB100) (需负责报名、收费及带团至名店坊及娱乐场所,3 人成团)	・工资 ・导游旗 ・大声公	社长 1 名
10	会计师楼	会计×2: 高中毕业,薪金: RMB11,000 (在嘈杂的环境下正确计算数学题答案)	・工资 ・纸笔	会计师 1 名
11	货柜码头	保管员×3: 初中毕业,薪金: RMB6,500 (快捷、安全搬运重物由 A 点到 B 点)	・工资 ・重物 　(座椅/砖)	经理 1 名
12	名店坊	自行创业人士×3: 不限,薪金: 不定 (创业人士必须向批发商进货,自行选择货品并到指定店铺售卖。货品价格可自行拟定及聘请售货员协助售卖。旅行团也会带豪华团友到名店坊购物)	・桌 ・椅 ・纸币(找零) ・货物(图片)	批发商 1 名
13	娱乐场所——舞台	演员(人数不限): 不限,薪金: 每次演出 RMB2,500 (自行安排 10 分钟的演出内容,如唱歌、跳舞)	・工资 ・小露宝(咪) ・不同服饰装扮物资	经理人 1 名
14	娱乐场所——游乐场	游乐场主管×2: 初中毕业,薪金: RMB 18,000 (设有 21 点及猜大小,筹码自行安排) 贷款经理×2: 初中毕业,薪金: RMB18,000 (以现金赌本利骗游客抽奖,让他们陷入高利贷陷阱)	・桌×2 ・椅×8 ・抽奖工具 ・纸币 　(工资/借贷)	经理 1 名
15	命运之神(流动)	带着一叠命运卡,选择让不同人抽卡,改变他们的命运。	・命运之神服饰、命运卡	命运之神 1 名
16	死神(流动)	与不同人猜拳,以增加他们死亡的机会。每次若对方猜输,必须生命值- 8,若对方胜则无改变。	・死神服饰(黑袍)	死神 1 名

活动四： 逆境挑战系列

逆境挑战不只要求青年人面对一定程度的体力考验，更要求他们踏出个人舒适区（comfort zone）经验心灵震荡。透过个人安静沉淀及工作者的悉心引导，他们更明白自己内心的恐惧与挣扎，学习面对及跨越成长的障碍，增强克服逆境的韧性从而更好地面对创路历程。成功跨越逆境的经验有效提升青年人的自我效能感，当自信心增强，他们对未来的预计成果也会提升。

此外，我们设计的逆境挑战包含了群体元素，让青年人在逆境中经历群体的支持与鼓励，有助于他们审视自己与群体间的关系及相处之道，最终建立一个互相鼓励的创路群体。

蒙眼夜行

目的： 让青年人保持安静，接触内心世界，认识自我。

人数： 个人或小组进行

时间： 60 分钟（夜行，会对青年人心灵产生更大冲击）

地点： 户外进行（可选择一些小山路）

物资：　· 每人 1 个眼罩

　　　　　· 多根绳子（带领小组及生命线使用）

　　　　　· 笔和手电筒（安静默想用）

流程： 1. 青年人带上眼罩后静立。

　　　　2. 工作者安排各人分隔，一手抓紧带动他们前行的绳子。（另一手也可搭在前面组员的肩膀上）

　　　　3. 工作者用绳子带领小组前行到预先设置好的"生命线"路段。（用绳子连系着不同的固定物，如树木、灯柱等，圈定一个范围）

　　　　4. 青年人逐一进入"生命线"范围，自行探索前往终点的路。

5. 到达终点后,青年人保持安静,分散在不同位置,在星空下独处。

6. 青年人记录历程中的感受及反省。

解说： **事实**

- 过程中发生了什么事情?

感受

- 蒙眼前行有什么感受?

- 你感受最深刻的是哪个时刻?

发现

- 活动中你的逆境是什么?

- 蒙眼后,与平常的你有什么分别?

- 你对心底的真我有什么新发现?

未来

- 现实处境中,你也要一步步探索前路,这个活动给你什么启发?

- 参考活动过后,你有什么收获? 可以助你面对明天的逆境?

经验之谈：

- 由于青年人要蒙上双眼,危险性大增,一定要安排充足的工作人员,确保青年人在安全的情况下蒙眼探索。若在野外进行,必须有经过培训的教练带领。

- 设计路程时,工作者可按对象的状态调节难度,如加放一些障碍物或将"生命线"刻意设置在较崎岖的位置,让青年人经历一些心灵挑战。

- 安静是必须的。我们相信人唯有在安静中才能聆听自己、反省自己。现代青年人经常身处喧嚣之中,坐车时也忙于发微信、玩 PSP、听 MP3,根本没有机会让自己安静下来。因此,青年人蒙上双眼学习安静,并不容易。工作者在活动流程的安排上要花一点心思,帮助青年人进入安静状态,好让他们做好与自己心灵对话的准备。

- 青年人蒙眼后，内在形态会慢慢浮现。平日说话大声、看似很勇猛的青年人，蒙眼后寸步难行，缺乏安全感的一面显露无遗。但青年人很多时候都会刻意回避真正的自己。故此，工作者在程序设计上可安排青年人在经历心灵的震撼后，有足够的空间与自己做心灵对话。

逆境营

目的： 运用野外环境,挑战青年人的体能及心志,激发他们的逆境韧性,增强创路动机及效能感;建立群体支持,同行跨越逆境。

人数： 15 人以上(必须有经过培训的教练)

时间： 2 日 1 夜或 3 日 2 夜

地点： 野外

物资： · 露营用品(帐篷、地席、睡袋、照明工具)
· 餐具(露营用的石油气炉、餐具)及食材、纯净水(烹饪及清洁用)

流程： 1. 逆境营前青年人预先准备食物及所需物资,然后携同装备回家。

2. 预先将集合时间及地点指示的锦囊分发给组员,第二天早上在指定时间打开,前往集合地点。集合后出发进入野外环境活动。(爬山及露营等活动)

3. 在山上各组员需要互相支持完成不同任务。(前往目的地、提供物资、烹饪)

4. 工作者会为各组员安排个人挑战。(例如晚上安静独处、日间独自探路等)

5. 完成所有活动后回程,安排晚会分享。(详见第 171 页)

解说： **事实**

· 请记下你在逆境营中的角色。

· 过程中有没有发生什么事?

· 群体在过程中是怎样的呢?

感受

· 你感觉到的逆境是什么?

· 过程中群体给你什么感觉?

· 当你独自一人面对逆境时,你的感受如何?

发现

· 活动中你的逆境是什么?

- 不同的活动令你对自己有什么新发现？
- 你对心底的真我有什么新发现？

未来

- 现实处境中，逆境营给你最大的提醒是什么？
- 这次逆境经验，对你明日创路有什么帮助？

经验之谈：

- 野外活动的危险性颇高，除了安排经过培训的教练，还要有足够经过培训的工作人员协助，以免发生意外！

- 建议以小组进行活动，事先分配不同角色给组员。如队长、领航员、急救及器材管理员等（详见第 163 页指引），帮助青年人发挥个人潜能。平时在小组中不太突出的青年人，在山上可能是极具方向感的领航员。

- 我们会要求青年人将通信器材、视听器材放进密封袋，露营过程中不准使用。不过我们不会刻意加上封条或严厉执行，反而是将密封袋给他们自行保管，让他们学习自我管理，学会什么时候该做什么事。

- 逆境营中，可以带同"自我成长"阶段制作的瑞恩同行。瑞恩是青年人晚上独处时自我心灵对话的好对象。

指引： 逆境营建议小组分工

队长职责（2名）

1. 队伍进度：保持整队的行山速度，按时前进及安排休息时间，有需要时协助其他岗位的工作，以确保队伍的进度。（队长必须清楚急救箱的位置）

2. 队型安排：须保持整队单行前行，排列形式可把体能较佳者排在队头及队尾、体能较弱的按次序排2、3等位置。经常提醒组员要保持直线的前进队型。

3. 照顾组员：问候及留意各组员的身体状况，身体不适者需停下来休息，并作适当的援助。

4. 对讲机使用：利用通讯器材，与大会及其他队伍保持联络。

领航员职责（2名）

1. 领航技巧：应排在队中的前方位置，以便知道前路及去向；遇有不确定的路段时，应由领航员带领另一位队友（必须2人同行）探路（约1分钟来回），并归队汇报。

2. 地图阅读：认识地图上各种标记，学习阅读地图及辨认方位。

3. 指南针使用：运用指南针找出前进方向，确定目标。

4. 记录时间：必须带圆珠笔及手表，记录出发及每段行程所需时间，路途中的小休时间也需计算在内。

5. 写下行程：写下沿途所见事物，如路段标记及地形特征等。

6. 报告进度：必须定时向队长及各组员报告时间，让他们掌握行程的进度。

急救及器材管理员职责（2名）

1. 急救箱的应用：认识急救箱内的用品及其应用方法，检查有否遗漏；急救员须随身带备急救箱，若有需要转交给其他组员代为保管，请先通知队长。

2. 急救方法：常见的损伤包括：流血、跌伤及头晕。若遇到组员受伤，应先保持镇定，安慰伤者，并把伤者安置在安全地方进行急救。

3. 照顾组员：必须留意受伤组员的伤势及定时向队长报告；不可胡乱给组员服食药物，以免产生药物敏感。

4. 记录器材：记录所有借用器材的数量及借用人，确保物资整齐完备，可随时使用。

5. 清洁管理：所有借用物资需妥善管理，如有破损，必须记录及向工作人员报告；弄脏后的器材须清洗干净后才归还；若不慎遗失借用物资，需按价赔偿。

6. 物资交收：活动完毕后，安排队员清洁、收拾及点齐借用物资，最后归还给工作人员。

财务及膳食管理员职责（2 名）

1. 记录财政支出：记录所有财政支出及支出项目。

2. 填写财务支出表：活动完毕后，向工作人员递交财政报告，报告清楚填写每项支出项目。

3. 余款交收：活动完毕后，将所有余款连同财政报告交还工作人员。

4. 食物记录：点算上山食物并备有足够登山煮食用的饮用水，分发组员食物及饮用水。

5. 善后处理：收拾剩余食物及清洁环境。

历险设施: 攀岩/绳网/高墙

目的: 透过历险活动,让青年人经历心灵中的逆境,建立个人效能感及群体支持。

人数: 20 人以上(需安排合资格历险工作者带领活动)

时间: 没有太大限制(如在烈日下进行要小心中暑)

地点: 设有历险设施的场地

物资: 取决于不同历险设施要求的安全装备

流程: 由提供历险设施及指导的机构安排

解说: 事实

- 过程中发生了什么事情?
- 群体在过程中怎样?

感受

- 你感到最困难或畏惧的是什么? 为什么?
- 过程中群体给你什么感觉?

发现

- 完成历险活动后你对自己有什么新发现?
- 你对这个群体又有什么新发现?

未来

- 现实处境中,这个经验给你最大的启发是什么?
- 这次经验对你未来创路有什么帮助?
- 未来即将面对创路,请你对这个群体说一句话。

经验之谈：

· 历险挑战看似个人活动，但我们会安排成 2 人甚至 3 人的合作性挑战。
以攀岩为例，我们可以 2 人为一组的形式进行。其中一人蒙眼，由另一人引领完成任务。这不单挑战蒙眼者的自信心，更考验两人的默契，如何彼此迁就、彼此协调、表达需要、响应要求等等。如果是攀爬绳网，更能挑战群体间的合作、智力的协调及耐力。

· 这类对体力有一定要求的训练活动，有些青年人会表现得特别强，有些却很弱，我们强调群体合作，不主张个人主义。我们要强调 3 人小队如何贡献所长，从而能够完成任务。青年人要学会沟通，懂得欣赏别人长处，彼此协调。我们亦会鼓励团队一同订立目标，当每个组员也期望大家能尝尝成功的滋味时，就自然会考虑到各人的能力而互相迁就。例如徒手攀高墙（4 米高的木板墙），单靠一人是不能完成的，大家必须合力才可完成挑战。

第三环节　总结活动

结活动介绍

　　"装备"阶段的总结活动，协助青年人整理这个阶段的学习，让青年人进一步认定及强化个人的内在效能，有助于达到未来创路目标的预计成果，好让他们整装待发，预备展开创路旅程。总结活动可安排在其他活动之后举行，不用加上解说。

活动一：梦想轮子

目的： 整理"准备"阶段的反省，订立更清晰、更切合现实处境的人生规划。

人数： 不限人数

时间： 45 分钟

地点： 室内

物资： ・"梦想轮子"指引
　　　　・颜色笔

流程： 1. 先讲解梦想轮子的结构及组成。

　　　　2. 各人自行制作梦想轮子。

　　　　3. 完成后，在小组内分享。

经验之谈：

・ 此活动可配合主题活动"踏步游戏"（第122页）一起进行。青年人经历踏步游戏后，会更具体及清晰实践目标时可能遇到的困难及挑战。再配合梦想轮子的活动，让青年人学会调节内在潜能及所需装备，帮助他们能按梦想轮子的指引最终朝向目标进发。

指引：梦想轮子结构

梦想 轮子

核心

你的梦想（梦想是动力的源头，你的梦想是什么？）

轮边

你的实践步骤（轮边经核心与车轴获得动力一步步向前推进！你预计梦想的实践步骤如何？不妨将轮边划分成不同时段，如一个月、一年等，尝试写上你的实践步骤！）

车轴

你的内在潜能/所需装备（车轴连系核心的动力，推动轮子前行，代表一个人的内在潜能或实践梦想的装备。你有哪些内在潜能助你实践这个梦想？又有什么装备助你增强实践的动力？）

活动二：　回顾活动

目的： 通过群体彼此提醒，增强个人反思；通过别人的肯定，加强个人创路决心。

人数： 多少不限

时间： 60 分钟

地点： 室内

物资：
- 每人 1 张"MA 之最"观察纸（共 5 款，见第 170 页）、颜色笔、5 只衣夹
- 绳（布置场地用，可以随意挂在活动室，例如由天花板上垂下来）
- 轻音乐

流程：
1. 分发物资，指示青年人以 5 种情绪作为回顾主题，写上完成这阶段后对自己或其他组员的观察，完成后将情绪纸用衣夹夹在房间的绳上。
2. 完成后大家仔细阅读各人的情绪纸，并在小组内分享。

经验之谈：
- 活动称为"MA 之最"，MA 是我们计划的英文缩写，你可以按需要改动活动名称。
- 建议写情绪纸的过程中播放一些音乐，或播放活动中经常出现的歌曲或音乐。
- 在这部分，别人的观察会成为一些青年人的提醒及鼓励。我们曾见过一位时常迟到的青年人，在活动中有同伴提到最担心他经常迟到，大家都很关心这件事对他以后的影响。这个青年人从没想过身边的同辈会为他的表现及状况担心。正是这种活动精神，让青年人明白群体对他的关心，激发他的动力，坚持向前迈进！

工作纸： ＭＡ 之 最 观 察 纸

最担心……因为……

最欣赏……因为……

最想鼓励……因为……

最大改变……因为……

最大进步……因为……

活动三： 晚会

目的： 以感性及人文关怀角度介入，帮助青年人整理内心感受，激发他们的创路
热情。

人数： 没有限制

时间： 90—180 分钟

地点： 室内

物资： 少量装饰物资（布置用）

流程： 没有特定流程，视完成主题活动后的状态而定

经验之谈：

· 晚会可以加入各种元素丰富效果。我们有时会以一些励志音乐来营造气氛。
我们也曾邀请剧团演出一个名为"假如生命能回头"的话剧，用艺术方式刺激
青年人的感官，激发他们反思生命，为自己订下的人生目标并为之努力及
坚持！

· 晚会可以配合其他活动举行，例如配合"人生旅程"，我们会邀请一些嘉宾分享
他们的生命故事，用真人经历勉励青年人勇敢面对生命。配合逆境挑战的晚
会，可以点上蜡烛，营造一种温暖的气氛，让经历完群体彼此支持的青年人，在
晚会表达心中对群体的感谢！

活动四： 栽种生命

目的： 让青年人明白生命就算已准备妥当，仍要好好照顾与爱惜，继续灌溉，否则
难以成长。借此强化他们坚持创路信念，进入实践阶段。

人数： 没有限制

时间： 长时间培养

地点： 室内外皆宜

物资： 盆栽（每人可获一盆）

流程： 1. 每人派发一盆盆栽。

2. 青年人要在日常生活及余下的训练过程中栽培植物，然后定时报告盆
栽状况。

经验之谈：

· 盆栽的生命是很好的教导工具，往往能触发青年人的爱心，他们将这个触动应
用到生命中，学习面对及承担自己的生命。

本章活动总结

准备出发：　寻找人生智仁勇

李梁林

青年人经历过自我复修的历程，在"准备"阶段提升创路动机，可以背上远游的行装，蓄势待发，朝着更辽阔及远大的创路目标与预计成果前进。经过这阶段，青年人会带着"智、仁、勇"三大元素，迎向未来的创路历程。他们不但学会以未来视野规划将来，也对自我能力具备一定信心，相信自己能跨越前方的逆境。与此同时，他们也建立了一个充满仁爱与鼓励的群体，共同创路。

掌握未来的智慧

青年人要开拓未来视野，必须具备智慧：先调整个人的内在价值信念，眼光看得更远更广，才能掌握未来的智慧。

生命有"价"系列让青年人认识不同职业的价值，思考工作与人生意义。有些青年人在"人生事业三角"中，发现自己一直都只为生计去寻找前路，从未期望也不敢想要为人生找一个有意义的目标！当然我们并非要青年人不顾生计与家庭等现实需要，而是让他们明白，除了谋生，生命要有一个有意义的目标！青年人经历这些调整，渐渐开始懂得为未来想多一点。

上述只是热身活动，当内在价值信念改变，我们就透过放眼未来系列的不同生涯规划工具帮助他们将未来视野聚焦。如"踏步游戏"让青年人切实考虑所订目标有可能遇上困难与挑战，要做哪方面的准备，如何计划未来。

"人生旅程"正是让青年人实践未来视野的整合活动，活动后有人重拾对学习的热诚,决定为大学毕业的目标寒窗苦读。有人一心投身服务行业,在活动中稍微体会服务业的辛酸。

青年人经历价值观念改变到模拟人生实践,装备他们从内到外,更掌握规划未来的智慧,达至"智者不惑"!

凝聚群体的仁爱

创路群体同行,源于一份仁爱。这份仁爱,首先是青年人在创路旅程上学懂自爱,欣赏自己的价值,然后才懂得欣赏与关爱别人的生命! 如何欣赏自己、爱自己的功课在"自我成长"已学了很多! 来到"准备"阶段,我们期望他们将这份仁爱由个人延伸至整个创路群体。让青年人不再孤身闯我路,能在彼此的创路历程中互相勉励扶持,增强个人创路动力。

无论造大楼工程抑或"逆境挑战",我们都会安排整个群体一起参与、挑战及按着各人的不同能力订立共同目标。如"逆境挑战"中的"历险设施:高墙",青年人全体攀过 4 米高墙,考验他们如何自处与表达意见,寻找自己在群体中的角色。例如个子较高大的负责承托别人,较轻盈的要悬在半空,成为桥梁支撑同伴攀爬。青年人在活动中彼此承托扶持,透过充满仁爱的群体建立个人效能感,除了再次肯定自我的能力,也能增添信心面对前路。崎岖人生路,又岂能一人创路? 唯有凝聚群体的仁爱,共同成长创路,青年人才更真切体会"仁者不忧"。

抗衡逆境的勇气

逆境韧性的发挥,有赖一股真实的勇气,要踏上创路旅程,也需要一股真勇气,才能跨越路途上大大小小的挑战。造大楼工程与"逆境挑战"让青年人认识自我的效能,改变他们觉得自己"不可能"、"做不到"的想法。

在造大楼工程,有些青年人一接到任务就说资源不足,不可能完成。面对各式赚钱活动,他们一见难题就立即投降:"不是要计数吧?""我从来都不懂画东西呀!"埋怨、放弃的呼声此起彼落。参与"逆境营"时,很多青年人从未试过一整天行山及在山上露宿一宵,未上山已预计自己会体力不支。他们不相信自己有能力完成挑战,跨越逆境。直至他们以有限的报纸建成大楼,在多次尝试后解决了难题,完成两日一夜的野外历程,自信心便逐渐建立起来,"可能"与"做得到"成为他们敢于开创人生路的鼓舞。

有些青年人未必认为自己"不可能"、"做不到",但那份勇气不过是急于求成的一鼓作气。正如"造大楼"系列赚钱活动中的"破解鸡鸭鹅密码",其实是考验青年人对资料的分析与整理能力,而非计算才能。可是很多青年人都只求尽快得出答案,一接到问题就拼命计算,根本没有仔细分析题目及相关代号的提示,令自己的计算愈来愈复杂,愈焦急愈找不到答案。这份匹夫之勇非但不能帮助他们跨越困境,反而将他们带进另一逆境。其实这是时下许多青年人的写照,自恃勇气十足,但因急于找出路未及冷静思考,没有认清自己的能力、兴趣及处境,可说是有勇无谋。

在创路的"准备"阶段,我们要提升他们的效能感,加强创路的勇气,使他们展开创路旅程时,能抗衡逆境,坚持迈步,"勇者不惧"。

最多眼泪的活动，非"攀高墙"莫属。记得当天下起毛毛细雨，我们坚持要一起征服这一堵高墙。一个身手比我敏捷的同学先攀上，他比我轻，但当他扯着我的肩膀爬上去时，我的身体竟沉下去，加上手较湿滑，很是困难，不过我仍勉强支撑。他身手敏捷，很快便到高墙顶端。轮到我时，其他人非常利落地把我拉上去，最终完成了。起初看到这高墙，有些同学怕起来，甚至有人说攀不过去；但我们坚信，同心合力必定能爬过去。有时人看困难、难关像一堵高墙高不可攀，但只要坚持，有目标有信心，必定可以克服。

　　蒙眼上山是"最丧"的活动。蒙眼后，你不能再倚赖感官，10米路程都会一步一惊心。双手虽可触摸其他对象，但通常会怕碰到一些不知名的东西。你只能听其他人提醒、问其他人情况等，非常刺激和富娱乐性。现在回想，其实这个游戏不是要带来刺激，而是要让我们不再用眼，而用手、口、耳等去感受世界。无论多熟悉的环境，只要蒙上眼，感觉就不一样，变得陌生了。蒙着眼就像未知的将来，捉不到、摸不透，不知道有什么在等着你。我们只好借助其他感官：如朋友、家人等，一起渡过难关，也要适当调节个人的心理状况，保持平常心，从容面对困难与挑战。

跳绳本来十分容易，但二十多人一起跳，就不是那么一回事了。最初，大家都以为只有一点难度，但事实并非如此。每个人的速度、频率、节奏都不同，我们试了很多很多次都没成功。大家都失望，信心减弱，想放弃。后来，大家商议别的方法和技巧。由一次都不成功，到两三次、十次、十次以上，大家一起努力，加上别人的帮忙，终于成功。成功背后难免会遇上失败，可能一百次失败才有一次成功。所以我经常提醒自己，失败可能是人生道路上的调味剂，不要气馁，总会成功的。

当我听到要跳大绳时，觉得有点儿戏。殊不知花了许多天尝试才能完成，过程中我们试过无数方法，由起初只顾做好自己本份，没有沟通；到最后发现良好的沟通才是成功的方法，让复杂的事情变得简单。

我们小组的历险挑战是 high jump，轮流爬上一条 8 米高的木柱，然后在顶部站立，跳上去拍打距离柱大约 1.5—2 米外的健身球，整个过程看似简单。我是组内第一位挑战者，站于柱顶足足有 20 分钟，感到很可怕，几经辛苦才站立起来。当时双腿震得连木柱也一同摇晃，导师与同学打气后，我终于安定下来完成活动。事后回想，有时常说自己很有自信，面对逆境时才看清楚自己。这次经验提醒我，自己有能力面对逆境，身边也有很多值得信赖的同伴，这信念可以帮助我克服人生的种种困难。

第三章 实践体验——向着目标出发

本章导读

　　来到实践阶段，青年人已是整装待发，点题活动会帮助他们在创路身份方面稍作心态协调。 创路身份是他们选定的职业方向，例如： 文员、服务性行业、会计、参军，甚至重返校园进修等。 每当他们由校园转入职场，要在身心上做角色转变的协调。 主题活动协助青年人整合自己的创路身份及自我效能，准备自己创路。 总结活动好比出发前的最后点算，同伴间互相鼓舞，成为创路旅程上一个强而有力的支持群体。 我们也会为青年人提供一些材料，帮助他们日后定期自我检讨，提升他们对实践目标的信念及决心。

第一环节 点题活动

活动一： 你是不是老板？

目的： 让青年人明白要认定自己的身份，才能确定目标；要达成目标必先有坚强的信念，不怕失败，敢于尝试。

人数： 10—30 人

时间： 20 分钟（取决于要进行多少回合）

地点： 室内外皆可

物资： 哨子

流程： 1. 青年人围成圆圈，面向圆心，然后合上眼睛。

      2. 主持人中选一位神秘老板（单击他的背），然后吹哨子宣布"老板请人呀！"各人立刻互相询问："你是不是老板？"（不能同一时间向一个人连续问两次或以上，为了隐藏身份，老板也会混在人群中参与询问）

      3. 老板在头三次给查询时都要否认，到第四次，老板可以继续否认（若一直否认，游戏就没法进行啦）或表露身份，老板身份被揭之后，各人便要尽快在老板身后排成人龙。

解说： **事实**

    · 有没有定下策略来寻找老板？

    · 你认为自己为何会排在最前/最后？期间你询问过多少人？

    · （访问老板）在他人寻找时，你观察到什么？（包括他们的态度、决心等）

    感受

    · 排在最前/最后的心情怎样？

    · 在寻找老板的过程中，你抱着什么心态？

发现

- 你认为自己寻找老板的心情，跟你所站的位置有没有关系？为什么？
- 什么元素最影响你寻找老板的动机？跟你现实生活是否相似？（例如是否清楚自己的目标？能否肯定目标？是否热爱你的目标？有没有为目标定下实践计划？有没有足够的决心和动力去实践?）

未来

- 活动对你最大的提醒是什么？
- 要达成目标，你认为最需要的是什么？

经验之谈：

- 在访问过程中，排在队尾的人都表示"不好玩"，"不清楚排队原来已开始了"，"不知道为什么要玩"等等，这正反映出他们缺乏动机或热情，所以要把握机会鼓励他们，人生不能随便找个目标，甚至漫无目标地生活；要找一个喜爱及对自己有意义的人生目标才能享受人生，生活才有方向。
- 站在队头的人必然要不断尝试或不轻言放弃，也要留意身处的环境及人群，才能排在队头。这就是要青年人领略的道理，工作者访问队头时要带出这个重点鼓励青年人。
- 这活动可与"自我成长"中的"猜感受"（第 24 页）合并进行，目的及步骤可参阅该部分的"经验之谈"。

活动二："同鞋"到老走走走！

目的： 让青年人明白要选择与自己人生意义相配合的创路目标，才可以推动自己
实践，过程中才会感到满足和享受。

人数： 2—10 人

时间： 30 分钟（视乎要制造多少种类的体验）

地点： 室外

流程： 1. 请各人脱下左脚的鞋，当主持倒数 3 声，大家一起将鞋踢到同一位置。

    2. 主持人再倒数 3 声，各人跑到聚满鞋的地方，找一只鞋来穿，原则：不能
选择自己及左右两旁人的鞋。

    3. 完成后主持指示各人为自己脚上的鞋找回原本的左脚或右脚，并依着
鞋本身的左右脚方向成一对对站着。

    4. 完成后各组合要按主持人指示进行任务，可以是全组人的活动，例如原
地跳 5 次或向某方向行 10 步；简单的集体活动，如掉手帕、123 红绿灯；
也可以是个人化活动，例如：跑步或跑圈，在楼梯踏步。总之，目的是要
他们感受穿上不适合自己的鞋活动的滋味。（这时他们的组合可能是 2
个人，也可能是一大群人，按着脚上鞋的左右方向站立，场面会十分惹笑）

解说： **事实**

    · 自己的鞋与别人的鞋穿起来有什么分别？（包括松紧、大小、鞋床里的
凹凸起伏）

    · 过程中有什么事件令你印象最深刻？

    感受

    · 穿着别人的鞋有什么感觉？

    · 你喜欢哪只脚的鞋？为什么？

    发现

    · 现在你对选择的目标/生活方式的感觉跟你对脚上穿哪一只鞋的感觉
相似？为什么？

未来

- 什么目标是你认为能真正享受和有意义的?
- 若要坚持这个目标,你要付出什么代价?

经验之谈:

- 交换鞋子后,先访问青年人的实时感受,活动后再进行访问,这可加强他们的反思。有些人起初以为选择较宽松的鞋是好的,但活动后,他们会发觉鞋太松跑起来会很危险,这提醒他们,太放松的生活方式或者毫无边际的目标其实不一定是好事。活动后有青年人分享,穿别人的鞋好辛苦,因为鞋子太窄走一步都困难,这提醒他们要选择一个适合自己的创路目标,才能生活得有动力及享受人生。即使找到合适的鞋都要一段适应时间,借此鼓励青年人就算找到合适目标也要坚持和忍耐。
- 活动完结后,各人交还鞋子,可以向"鞋主"分享你从他的鞋子学习到的,让对方知道自己的鞋带给别人的意义。
- 这个活动也可以作为人际沟通的活动:当穿着别人的鞋你会感受到鞋床里的凹凸起伏各有不同,代表各人的生活习惯不同,要学习尊重别人的生活方式。你不习惯穿着别人的鞋,也不可硬要别人穿自己的鞋(硬要别人依从自己的方式生活),使对方辛苦、难受及厌恶。

活动三： 返学返工对对碰

目的： 让青年人明白由学校进入职场，必须预备自己面对环境及角色的转变。

人数： 10 人

时间： 30 分钟

地点： 室内

物资： "返学返工对对碰"工作纸和笔

流程：
1. 派发物资，主持人指示各人在工作纸上填写，由返学到返工，哪些转变会令自己出现工作纸上的 5 种情绪？（最期待、最兴奋、最担心、最害怕、最具挑战性）

2. 主持会按次序读出 5 种情绪，青年人按题目先后找两人分享，即分享两次。每次分享后两人共得 5 分，这 5 分可自行分配，比如一方得 5，另一方是 0；一方是 1，另一方就是 4，如此类推。

3. 完成后，选出得分最高的人并简单分享内容。

解说： 事实
· 过程中哪些分享最深刻？（自己或别人）
· 工作纸上哪项的分数比较高/低？为什么？

感受
· 哪一项令你感受最深？是什么感受？为什么？
· 听过别人分享后，你对自己 5 个"之最"的感受是否有改变？

发现
· 活动完成后各项目中的最高/低分，跟自己的预期相同吗？
· 完成活动后，你认为自己已预备好进入创路旅程吗？为什么？

未来
· 面对未来这些转变，你认为自己有哪些强项可以克服困难，有什么地方要提醒自己多留意呢?

- 请先在各项目中写一句给自己的话,包括提醒、鼓励、欣赏等。(完成后邀请各人读出)

经验之谈:

- 活动期望青年人认真面对将要来临的人生阶段转变,做好心理及行动上的准备。
- 虽然青年人经过反思,但未必领略眼前一个生活小习惯,例如迟睡或迟到等,会给将来带来什么影响,工作者可鼓励他们改变不是未来的事,应由今天开始。

工作纸：返学返工 对对碰

	由返学到返工的转变	对对碰 1	对对碰 2	总得分	一句话
最期待					
最兴奋					
最担心					
最害怕 					
最具挑战性					

活动四：缤纷气球

目的： 让青年人学会认定自己的创路目标，明白创路要有决心、坚持及信念，才能迈向成功。

人数： 6—10 人为一组，多少组不限

时间： 30 分钟

地点： 室内

物资：
- 每人 2 个气球
- 两种不同颜色的纸，每人每款各 1 张，纸的大小约 1/8 张 A4 纸
- 笔
- 轻松音乐

流程：
1. 派发物资，主持人请大家在颜色纸上分别写"未来创路目标"及一项"创路本钱"。
2. 完成后分发每人两个气球，将两张纸分别放进两个气球内，然后吹胀它。
3. 主持人讲解任务：在 3 分钟内将所有气球以托球方式维持于半空（头顶以上高度），看看最后有多少个能不掉在地上。注意：
   - 任何气球落地后不能拾起来
   - 不能倚靠场内任何对象协助，包括墙、柱、桌或椅
   - 不能将气球绑在一起
4. 主持人给予各人 5 分钟讨论，定出目标：3 分钟后成功维持于半空的气球数量。
5. 各组宣布任务目标后，开始活动。
6. 完成后各组汇报任务目标的结果。
7. 进行全场气球爆破行动，取回纸张分享。

解说：事实

- 分享各人纸上写上的创路目标及本钱。

- 分享任务目标成功/失败的原因？（例如技术不足、目标太高/低、团队配合失当、环境因素……）

感受

- 能够/未能达成任务目标，你有什么感受？

- 过程中你最强烈的感受是什么？

发现

- 活动中你有没有发现，要达成目标，除了个人能力，还要什么条件？（例如团队支持、坚持到底、信心、决心、专注力等）

- 接上题，以上哪些元素是你拥有或缺乏的？

未来

- 对自己、个别组员或团队有什么提醒、鼓励和期望？

经验之谈：

- 3分钟活动过后，各组的气球都会混作一团，所以记得请青年人在纸上写上组号以防遗失。

- 若活动范围有立柱或较多障碍物，请安排人手做保护，因为通常青年人活动时都会得意忘形，不太注意安全。

- 青年人定目标时会说"一个也不失落"，可是结果通常都惨不忍睹，这正好反映出青年人低估事情的难度、轻率面对挑战的态度，工作者可留意此情况及做出提醒。

- 如果时间许可，我们会进行两次活动，让青年人学习及体验创路历程上必须要从经验中汲取教训，然后调整目标、协调团队、改善技能，再次出发。

第二环节　主题活动

题活动介绍

　　经历身份确认与心态调节的活动后，青年人对前路方向会有较清晰的掌握，但同时亦会感到创路实践的担忧与无力感。故此，主题活动会训练他们一些职场技能，增强他们创路实践的信心和效能感。

活动一：蒙眼乐高

目的： 让青年人明白创路时会遇到挑战，要认清自己的创路身份，学习解决困难，增强创路效能感。

人数： 6—10 人小组，可多组同时进行

时间： 40 分钟

地点： 室内

物资： · 眼罩

　　　　· 乐高积木（已拼好，各小组一份）

流程： 1. 每组先安排 4 位（或少于小组人数一半）组员蒙眼，蒙眼者可以说话及负责拼乐高积木。没蒙眼的不能说话，也不能触摸蒙眼者及乐高。

　　　　2. 活动前组员用 5 分钟商讨沟通对策。

　　　　3. 活动开始后，由没蒙眼者先观察乐高制成品 1 分钟。时间过后，工作者会随即拆散制成品。蒙眼者须按没蒙眼者的非语言提示，将乐高拼成制成品的样子。

　　　　4. 过程中，没蒙眼者可到场地中央再一次观察乐高制成品。（限定人数）

解说：事实

· 你在活动中的角色是什么？

· 你如何面对活动中自己的权利与责任？

感受

· 过程中最深刻的感受是什么？为什么？

· 你估计其他组员有什么感受？为什么？

发现

· 活动中你对自己和群体有什么发现？

· 对你面对创路的身份时有什么启发？

未来

· 活动中的困难与挑战，哪些与现实创路时相同？

· 活动对你创路时的困难与挑战有什么启发？如何面对与解决？

经验之谈：

· 活动中各人有指定的权利、责任与限制，如在职场一样。可是青年人在活动中往往容易越过限制，忘了要承担的指定责任。这次活动提醒他们在工作中掌握"创路身份"的重要，如果我们没有清晰的"创路身份"，就很容易忽略工作中应有的职责及本分。

· 踏进职场创路，青年人时常遇到沟通与团队合作等问题，活动正好刺激他们思考这方面有多少能力。若真的不足，就要快快在实践创路前做出调整吧！

· 工作者也可按着青年人的能力调整乐高制成品的难度，挑战他们的沟通与解难能力。平面的组合与立体的组合，难度已有分别，若在乐高上加上贴纸，青年人要按照贴纸的方向砌就更加困难了！

· 除了调校难度，工作者也可考虑在活动中途给予"中场休息"。让各人再一次商讨对策，但讨论内容只限于调整大家的沟通方法，绝不能提及乐高的拼法！工作者记得先收起各组的乐高，或是找一块布盖着它才安排"中场休息"。

· 如想加强青年人的成功经验，工作者可尝试给予各组一位蒙眼组员"开眼"的机会，让他再观察乐高制成品 30 秒，增加他们完成任务的机会！

活动二：辛苦忙碌为两餐

目的： 透过仿真不同工作实况的挑战项目，让青年人了解不同职业的特性及所需
能力，为创路实践订立装备目标。

人数： 10 人以上

时间： 90 分钟（每项挑战 15 分钟）

地点： 室内外皆宜（与挑战项目配合）

物资： · "辛苦忙碌为两餐"工作纸及原子笔

　　　　· 各挑战项目物资

流程： 1. 各人按工作纸指示，限时进行不同的模拟工作赚取"工资"。（可从中选
择，不用完成所有项目）

　　　　2. 活动完结后，计算所赚取的工资，并分享工作概况。

解说： **事实**

· 哪一项最快/慢完成？

· 你在活动中有什么目标？例如赚钱、尝试有兴趣的职业……

感受

· 哪项工作最有满足感？为什么？

· 哪项工作感到最困难？为什么？

发现

· 你对自己工作方面的强弱项有什么新发现？

· 活动中你的工作效率/态度如何？

· 你面对工作挑战时有什么乐与苦？

未来

· 未来日子你如何面对工作上自己的强弱项？

· 这次体验对你创路时有什么提醒？

经验之谈：

- 每项工作挑战都要安排一位工作人员扮演"雇主"，请留意人手安排。
- "这么多任务种，如何选择？"活动设计了 9 种模拟工作，要求在限时内赚取工资，正是想青年人借此明白创路时要为前路做选择。有人会选择以赚钱为目标，也有人选择自己有兴趣的工作，工作者可与青年人在这方面深入探讨，辅以"准备"阶段中的"人生事业三角"，让青年人具体了解个人的创路选取。
- "我不打算做这份工！"活动中的工作设计或许未必符合所有青年人的兴趣，现实中很多"有事无人做，有人无事做"的情况。青年人在活动中遇上相同情况可让他们代入现实处境想一想，是他们没兴趣，还是其他原因？为什么不给自己机会尝试？青年人可借此学会创路时需要调节目标。
- 当然，每个人的能力强弱不同，最要紧是找到自己擅长和喜爱的工种，才能享受工作。不过也要明白即使最享受的工作也有苦与乐，青年人要学会克服自我、耐心面对，保持良好的工作态度。

工作纸：辛苦忙碌为两餐

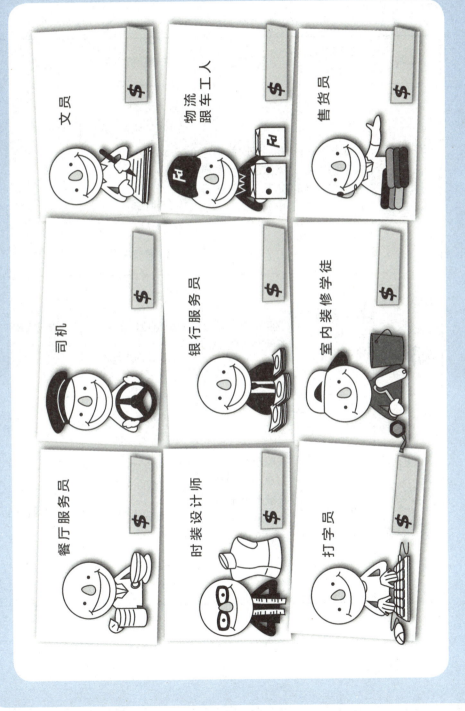

指引

工种	工作内容、性情要求	活动内容	工资计算方法	物资	地点
餐厅服务员	负责冲调餐厅内各种饮品。刻苦，手快细心	在规定时间内冲调饮品（可考虑奶茶，有一定难度）	5分钟完成 RMB9,000 10分钟完成 RMB7,000 15分钟完成 RMB4,000 （按味道加减工资）	· 热水壶	室内
时装设计师	设计新款时装，有创意，独立工作	按雇主要求设计不同款式的衣服	每件设计 RMB3,000 （按设计创意加减工资）	· 衣服纸样 · 颜色笔	室内
打字员	有效率，细心准确，专注	在规定时间内按文章中的内容，在纸上写出中文输入法（拼音）的译码	5分钟完成 RMB9,000 10分钟完成 RMB7,000 15分钟完成 RMB4,000 （每错1字扣 RMB100）	· 中文文章 · 拼音答案	室内

续　表

工种	工作内容、性情要求	活动内容	工资计算方法	物资	地点
司机	负责操控及驾驶车辆，刻苦耐劳，勤奋，工作认真专心，能处理突发事情	在规定时间内操控遥控车行走指定路线	5分钟完成 RMB9,000 10分钟完成 RMB7,000 15分钟完成 RMB4,000 （按行车稳定性、安全意识加减工资）	· 遥控车 · 雪糕筒	室外
银行服务员	有礼貌，做事有效率，有干劲，细心	在规定时间内按要求准确数点纸币数目	5分钟完成 RMB9,000 10分钟完成 RMB7,000 15分钟完成 RMB4,000 （按准确度、态度加减工资）	· 道具纸币 · 计算器	室内
室内装修学徒	懂简单设计，肯学习，细心，有创意	在规定时间内用报纸拼成层架安放杂物	能放5件杂物 RMB4,000 能放10件杂物 RMB7,000 能放15件杂物 RMB9,000 （按设计创意、实用程度加减工资）	· 报纸 · 透明胶带 · 杂物	室内

工种	工作内容、性情要求	活动内容	工资计算方法	物资	地点
文员	负责整理文字数据，有耐性，记忆力佳，聆听准确，细心	在规定时间内聆听录音机播出对话，实时记录	完成一份文件 RMB9,000 （每错、漏1字扣 RMB100）	·录音带 ·录音机 ·纸 ·笔	室内
物流跟车工人	负责跟车及送货，准时交货，有责任感，多劳多得，刻苦耐劳	在规定时间内站立及不断举木砖	5分钟完成 RMB2,000 10分钟完成 RMB6,000 15分钟完成 RMB9,000	·木砖	室外
售货员	有口才，需长时间站立工作，有礼貌，体贴客人需要	在规定时间内在杂志内文中选出一份适合的产品做推广，令客人逗留观看	能令客人驻足 5分钟完成 RMB4,000 10分钟完成 RMB6,000 15分钟完成 RMB9,000	·杂志	室内

活动三：　是宝还是草？

目的：　让青年人反思创路目标与"内在意义"的关系,帮助他们在创路时能坚持
　　　　到底。

人数：　多少不限

时间：　30 分钟

地点：　室内

物资：　各人的宝物,每人一个眼罩

流程：　1. 各人将一件认为能代表自己、很重视及有价值的对象交给主持人。

　　　　2. 主持人收藏宝物,青年人戴上眼罩,找回自己的对象。找到后方可摘下
　　　　　　眼罩,保持安静,直到活动完结为止。

解说：　**事实**

　　　・ 你的宝物是什么？ 寻找宝物的过程怎样？

　　　感受

　　　・ 寻找宝物的过程中有什么感受？ 为什么？ 珍贵的对象失而复得又有什
　　　　么感受？

　　　发现

　　　・ 宝物对你有什么意义？

　　　・ 你如何看待对你有意义的东西呢？

　　　未来

　　　・ 明天/今天你如何看待生命中有意义的人、事、物？

　　　・ 寻找"内在意义"对你实践创路有什么提醒？

经验之谈：

・ 活动进行前,可先考虑将青年人的宝物扫进垃圾桶(事先清洗干净),让他们体
　会生命中重要的东西被抛弃的感受,帮助他们思考这东西对他的内在意义。
　不少青年人蒙眼寻宝时,会勾起很多回忆,令他体会要好好珍惜这东西和背后

相关的人和事。

· 通过活动,青年人能具体领会"内在意义"的概念,原来意义不是来自对象本身,而是它背后相关的人和事。例如一张"全家福"照片,代表他对家人的爱与珍惜。这活动不但让青年人醒悟要善待生命中有意义的东西,也让他重新审视创路目标对他的意义。原来一个对他有意义的目标,会令他坚持下去!

· 谈及内在意义,工作者不妨辅以"准备"阶段的"工作价值 123"(第 98 页),与他们探讨选择的工作价值对他的内在意义是什么? 又或用"人生事业三角"(第 104 页)探讨除了满足"生存"的层面外,如何在人生、工作目标中寻获意义?

活动四： 求职广场

目的： 通过求职训练，培养求职知识及技巧，让青年人意识自己的创路身份，增强
创路的效能感，装备创路实践的信心。

人数： 没有限制（小组面试最少 3 个人较理想）

时间： 弹性（工作者自行安排）

地点： 室内

物资： 求职广场指引

流程： 活动大致可分成"求职前传"及"求职现场"两部分，与一般求职过程相同，
"求职前传"是由择业到申请，"求职现场"则模仿求职当天的流程，包括衣
着与一般面试程序。

解说： **事实**

· 你选择了什么工作？

· 你在求职广场各部分表现如何？

感受

· 整个活动中你有什么感受？为什么？

· 最满意哪部分的表现？

· 最想改善哪部分的表现？

发现

· 你做好准备求职了吗？

· 活动对准备求职的你有什么发现及提醒？

未来

· 哪些表现/心态值得你实际求职时好好保持？

· 你需要在哪方面提升自己去应对求职的要求？

经验之谈：

· 青年人未必要在求职广场实践每个求职步骤，但若选择了某些程序，就必须认

真参与。"认真"正是活动的精髓。不少青年人面试时都给予人一种轻佻的感觉，若面试人员认真对待，青年人及早意识到自己的创路身份，调节心态，为面试做好准备。

- 青年人很多时都忽略一些小动作或小错误，正是面试的大忌。所以经验整理与试后检讨在"求职广场"是不可或缺的。面试人员可考虑完成每一部分的面试程序后，马上回应和提点他们面试时要注意的地方，把他们的表现记录在"小组面试记录表"上，让他们整理当中经验，深化学习，在真实的面试时得以应用。

- 面试人员可在青年人模拟择业时，回顾他们在"准备"阶段中的"职业倾向测验"及"梦想心智图"的学习，借此比较他们进入实践阶段的计划和目标，与之前有何分别，让他们不单看到自己的成长，意识到自己的创路身份，对未来方向更肯定。

指引：　求职广场

	活动	内容	物资	建议时间	工作者注意
求职前传	找工作	在报纸求职版/上网寻找一份想应征的工作。	· 报纸 · 计算机	20分钟	年轻人选择工作的条件是按兴趣、个人能力、薪金、工作发展等。此部分可与准备阶段的"工作价值123"配合。
	我的简历	请设计一份个人简历，预备求职。	· 个人资料文件 · 简历样本 · 纸笔	30分钟	年轻人可能是第一次整理个人简历，请以样本向他们说明要填上的资料。
	我的求职信	请按"找工作"中选择的职位，撰写一封求职信。	· 选定的招聘广告 · 求职信样本 · 纸笔	30分钟	注意年轻人撰写求职信的格式有否错误，用字是否恰当及内容是否能对应应征的职位。
求职当天	穿正装	要求年轻人准备好面试当天的衣着。	· 自行安排	20分钟	年轻人很多时候没有留意面试时的衣着。除衣着外，亦可提醒他们留意发型、化妆、指甲等。
	面试申请表	模拟年轻人到达面试现场，开始填写面试申请表。	· 面试申请表 · 笔	20分钟	留意年轻人的态度是否过分轻松或过分紧张。填写申请表的整洁度，有没有带备足够文具。
	笔试	撰写一张通告/邀请信等。	· 笔试题目 · 纸笔	20分钟	注意年轻人回答题目的格式、用字及内容。
	计算机打字测试	在限时内完成中英文文章各一篇。	· 中、英文文章 · 计算机	20分钟	留意年轻人是否有充足准备。
	小组面试	在5—8人小组中做自我介绍，然后就时事/与该应征工作相关的题目做小组讨论。	· 定时器 · 小组面试记录表（第203页） · 小组讨论题目	20分钟	在小组面试中年轻人的个性会表露无遗，工作者可注意他们的小动作、表达及响应。

	活动	内容	物资	建议时间	工作者注意
	个人面谈	个人面对2位上司做模拟面谈。	• 个人面试记录表（第204页）	20分钟	考验年轻人的机智反应，留意他们的整体态度。
	Show me 1分钟	个人于预设的摄录机镜头前做1分钟自我介绍。	• 摄像机	10分钟（约5分钟准备）	年轻人面对镜头时自信心高低显而易见。他们分享的内容亦有助于了解他们。

工作纸：　小组面试记录表

注：　1. 评分为1—6分，以6分为最高分

　　　2. 如有特别注意事项，请填在备注部分一栏

	参加者姓名	投入参与	表达清晰	分析能力	逻辑思维	备注
1						
2						
3						
4						
5						
6						
7						
8						

导师：＿＿＿＿＿＿

工作纸： 个人面试记录表

面试日期：　　年　　月　　日

应征者姓名		应征部门		应征职位	
评核项目					

1. 外表衣着	□衣着不整 □对个人外表不太在意 □个人外表整洁 □衣着得体，外表落落大方 □外观整体而言非常得体 □其他说明：	6. 警觉/反应	□反应迟钝，掌握不到重点 □反应较慢，需要解释 □能抓住重点，表现尚可 □反应灵敏，很容易沟通 □非常精明，机灵 □其他说明：
2. 亲和力	□表现很有距离及疏离感 □可以接近，尚算友善 □热诚，友善，热心 □非常外向，善于社交 □其他说明：	7. 工作稳定性	□跳槽频繁，稳定性差 □稳定性稍可 □稳定性普通 □稳定性佳 □稳定性非常好 □其他说明：
3. 个性/性格	□不适合此工作 □不一定适合此工作（有疑问） □适合此工作 □非常适合此工作 □是最佳的选择 □其他说明：	8. 工作经验	□没有相关工作经验 □稍有相关工作经验 □工作经验刚好适合此工作 □背景很好，有相当多经验 □非常好的背景及经验 □其他说明：
4. 沟通技巧及表达能力	□说话很少，不善表达自己 □尝试表达自己，但表现平平 □尚算流利 □说得很好，中肯扼要 □表现杰出，谈吐流利 □其他说明：	9. 未来期望	□从来没想过 □仍然想在目前的专业领域中发展 □希望晋升更高的职位及更多的收入 □希望自己创业 □其他想法：
5. 相关专业训练记录	□没有训练记录 □曾参加过训练，但与此工作无关 □有工作相关的训练记录 □大大超过工作相关的训练记录，并持有执照或证书 □其他有价值的培训记录：	10. 整体而言	□完全不满意 □低于标准 □平平 □中上 □非常好 □其他说明：

工作纸：　个 人 面 试 记 录 表

语文能力	外语	听	说	读	写	填写说明:
	英文					1. 用字遣词非常流畅
	日文					2. 流畅
	其他					3. 平平
						4. 差

人事单位意见
应征动机:　　　　　　　　　　面试结果:
住宿需求:　□需协助寻找　□尚不需要　　　　　　面谈者:
□拟录用　□候补人选　□不适合　□转介其他部门

活动五： 影子实习

目的： 帮助青年人了解职场的实际情况,让他们更确定自己的创路身份,以备进入职场前调整及装备。

人数： 一位参加者、一位工作师傅(在职人士)

时间： 两天

地点： 工作现场

物资： "影子实习"工作纸

流程： 1. 安排青年人到工作师傅的工作环境做两天观察。

2. 请工作师傅向青年人简单介绍工作环境及内容、公司架构及运作等。

3. 青年人按工作纸上的问题了解日常工作程序、工作岗位所需技能、职责及日常运作小秘方。(如午餐安排、支出、公司文化等)

4. 安排青年人简单的工作体验,并与工作师傅及同事一起用餐。

5. 完成影子实习后,青年人要按工作纸的问题汇报。

解说： **事实**

· 分享一下你在影子实习中的所见所闻,你体验过什么?

感受

· 整个过程你最深刻的是什么? 你对实习工作岗位有什么感受?

发现

· 与工作师傅相处的过程中,你有什么发现?

· 活动过程中你对自己又有什么发现?

未来

· 这两天的影子实习,你对"工作"有什么认识?

· 你认为真正工作时,你要具备什么技能满足工作要求?

经验之谈：

· 我们与商业机构合作提供工作实习,若你未能安排实习机会,仍可让青年人对现实职场有更多了解,例如让青年人进入你的工作间,或邀请他们选择一些职业(例如售货员、服务员、地铁站务员等)观察 1 小时以上,都有助于他们体验真实的工作情况。

· 青年人未进入职场前,往往充满憧憬,或者感到十分困惑,经历完影子实习后,会惊讶现实工作与他们所想的有很大差距,让他们抱着更客观和开放的心态进入创路实践过程。

工作纸：影子实习

1. 我有什么期望？

以下是一些关于工作模拟体验的期望，看看哪个期望对你比较重要。请就每项以1—5标示重要程度，5为最重要。与师傅见面前完成。

重要程度	期望
___	1. 看看在学校的学习是否能应用于工作上。
___	2. 看看一天的工作究竟是怎么样。
___	3. 希望了解我要具备什么技能才能获得一份不错的工作。
___	4. 希望明白员工除了薪金外，还会得到什么回报。
___	5. 希望对我参观的公司有更多认识。
___	6. 希望发掘一些关于工作的新观念。
___	7. 希望明白我要具备什么学历才能胜任实习岗位。
___	8. 希望明白学习与工作的关系。
___	9. 其他：

2. 与师傅见面

为加强你对师傅及工作岗位的认识，请以下列问题向问师傅。访问前请先预习以问师傅怎问所问的问题内容，用词。记录访问内容，访问时保持礼貌及笑容，与师傅有眼神接触，放松及微笑。记录整理后交回导师。

认识师傅

1. 你的职位是什么？
2. 你负责什么？
3. 你日常的工作怎样？
4. 在现在的工作岗位，有什么是你十分喜欢的？
5. 为什么你选择这份工作？
6. 这份工作需要什么学历程度？
7. 你是否需要在职进修？

认识工作技能

	是	否
1. 你每天的工作是否要阅读（中英文）？	☐	☐
2. 你每天的工作是否要书写（中英文）？	☐	☐
3. 在你每天的工作中，数学重要吗？	☐	☐
4. 在你每天的工作中，是否需要良好的聆听技巧？	☐	☐
5. 在你每天的工作中，是否需要团队合作？	☐	☐
6. 你每天的工作是否需要使用计算机？	☐	☐

7. 你用了多少时间才能掌握应对工作需要的计算机技能？
8. 你的工作是否常遇到困难？
9. 那些问题通常是什么？ 你怎样解决？
10. 若你再有机会回到校园，你希望进修什么？

3. 我的观察

在工作岗位逗留了两天，你对这里的人有什么观察。

1. 请形容一下大部分人的衣着怎样。
2. 同事之间的相处怎样？
3. 是否每位同事均有相同的工作空间？
4. 大部分人的工作时间怎样？
5. 你工作的地方是否有计算机？
6. 一般工作使用哪些计算机软件？
7. 工作场所还有什么器材是你不懂使用的？

活动六： 人物专访

目的：了解专访人物如何面对职场或人生的逆境和挑战、计划及掌握未来，作为青年人订立创路目标的借鉴。

人数：人数不限（人愈多互动愈低）、1 位在职人士

时间：40 分钟

地点：室内

物资："人物专访"工作纸

流程：1. 安排在职人士接受青年人访问，访问内容围绕专访人物的职业生涯，问题可由青年人设计。

2. 工作者简单介绍专访人物后，交由青年人发问，完成后填写人物专访工作纸。

解说：**事实**

· 你与被访者有什么相似的地方？

感受

· 访问过程中有什么感受？

· 被访者的哪个回应给你印象最深刻？

发现

· 被访者的分享令你对自己的能力或性格有什么新发现？

· 接上题，你已具备哪些能力或性格？哪些仍须操练/努力改进？

未来

· 被访者的经历对你未来创路有什么提醒？

· 访问后，你打算如何调整和规划你的前路与梦想？

经验之谈：

· 工作者要花一点工夫寻找人物做专访，可考虑青年人的情况，预计他们前路可能遇上什么困难与挑战，再选取一位背景相近的人物做访问。"过来人"的经

历,最能打动青年人的内心,让人物专访更有意义。

- 参与人数尽可能不超过 10 人。一方面不是每个受访者都习惯面对几十人采访;另一方面人少一点,青年人会更放胆提问,增加互动,讨论的话题也可以更深入。若人数众多,可考虑分小组访问不同在职人士,然后聚集再做汇报,大家透过不同被访者的"生命故事"丰富自己对未来的计划。
- 青年人可参考"准备"阶段的"工作价值 123"(第 98 页)及"人生事业三角"(第 104 页)来观察被访者,了解他们的工作价值观以及人生与事业定位,有助于青年人确立创路信念。

工作纸： 人物专访

FACT：
被访者职业人生的考验

FINDING：
你对被访者个人特质的发现

1.   4.

2.   5.

3.

FEELING：
你对被访者的个人感觉

FUTURE：
被访者如何计划未来

1.	1.
2.	2.
3.	3.
4.	4.
5.	5.

活动七： MA 之最

目的： 帮助青年人整理本计划的学习经验。

人数： 多少都行

时间： 60 分钟（按你期望大家分享的深度定时间长短）

地点： 室内

物资：
- "MA 之最"工作纸、颜色笔、衣夹
- 尼龙绳（布置场地用，随意挂在活动室，例如挂在天花板或从天花板垂下来）

流程：
1. 分发物资，青年人以 8 种情绪作为回顾主题，写上对整个计划的回忆，然后将工作纸用衣夹夹在房间的绳上。
2. 完成后大家仔细阅读各人的工作纸。主持人按不同主题邀请大家选择其中一张分享（可多于一张），取决于活动安排及时间。
3. 建议主题：
   - 令你（自己/别人所写）最深刻的一张（例如喜、哀、惧、感动等）
   - 你想透过访问更多了解哪一张（别人写的）
   - 你想响应哪一张（别人写的，例如：鼓励、认同、欣赏、提醒、感谢等）
   - 哪张（别人写的）令你印象最深/有一些发现？

经验之谈：
- 活动称为"MA 之最"，MA 是我们计划的英文缩写，你可以按需要改动活动名称。
- 活动时可播放音乐，或过去活动经常出现的歌曲或音乐。有时我们会在活动前加插一个项目："旧日的足迹"，引导青年人回顾过去的活动情境，有助于整理学习经验。建议如下：全组人以走站形式前往过去曾进行活动的地方，每站停留 3 分钟；展示过去活动曾使用的物资、播放活动相片/精华短片。
- 若计划会采用人形画系列、蛋哥系列或瑞恩系列，可以设计相应活动，例如"瑞恩之最"。

· 建议完成"MA 之最"后,以这 8 种情绪整理成 8 个主题,分组预备角色扮演短
剧在晚会演出,有助于青年人整合过去的感受,汇聚成继续前行的经验,题目
请参阅"尽诉心中情"(第 215 页)的流程部分。

· 这活动及之后的活动,均为总结活动,不用加上解说。

工作纸： M A 之 最

最开心

最成功

最愤怒

最感激

最失望

最感动

最后悔

最失败

活动八： 尽诉心中情

目的： 计划完成前，协助青年人整理学习经验及分享感受。

人数： 多少不限

时间： 紧接"MA 之最"举行，90—180 分钟（视你期望大家分享的深度、长度而定）

地点： 通常于室内进行

物资： 按各组角色扮演所需的简单道具、小食、励志歌曲、轻音乐及简单物资布置场地

流程： 1. 活动以分享会形式进行，分两部分，第一部分由青年人负责，第二部分由工作者带领，可安排一些小游戏，由主持人负责。第一部分建议流程如下：青年人以抽签形式分为 6 组，预备以下项目（角色扮演或天才表演）：

- 开幕式：以轻松手法回顾过去的学习及成长，如何将失败化作鼓舞

- 将最失望转化成盼望

- 将愤怒变为喜悦

- 从后悔找到斗志

上述各项让青年人从负面经验中学习，做为未来创路旅程的提醒。

2. 工作者指引大家分享，内容包括演出时的深刻片段及感受、完成计划的心情或学习、踏上创路旅程的心情和需要、有什么"心中情"想向同伴或工作者诉说等。

经验之谈：

- 活动起先的名称是晚会，因为晚上气氛会好一点。你也可以按举行时间而定名，例如"午间小聚"、"人约黄昏后"或"精彩之夜"等。活动气氛是最重要的，建议将灯光调暗，或用烛光，众人坐在地上，请勿忘记预备大量纸巾。

- 经过一段时间的相处，青年人都珍惜这个离别前的一刻，借此机会将心里的"秘密"表白，甚至曾受过的创伤都会在这个场合公开，我们最高记录是一次晚会进行了 6 小时，共 22 位青年人分享。

活动九：风中奇缘

目的： 建立彼此承担、互信的群体，成为个人创路旅程的支持网络。

人数： 10 人以上

时间： 90 分钟，愈多人需要愈多时间

地点： 室外，有足够安全措施的场地（必须有历险教练在场协助，及足够技术支持）

物资： · 每人一张纸、笔、橡皮圈

        · 一条绳（悬挂在约 3 米以上的空中）

流程： 1. 各人将目标写在纸上，完成后用橡皮圈串起（方便稍后把纸套在绳上）。

          2. 各人先高声宣读个人目标，然后其他人响应支持，在同伴支持、保护及承托下，将目标套在 3 米以上的绳上。

经验之谈：

· 这是整个计划最后一个团队建立活动，能够让青年人体验进入未来创路旅程，是不可预知又充满挑战的，自信心、自我效能感及坚持目标非常重要；又让青年人明白群体是创路的宝贵资源。可以用其他有助于达到相同目标的历险活动，例如攀高墙。

· 青年人宣读目标后，主持人可访问他的心情，让他抒发面对未来创路困难的感受，建议团队给予多点支持或打气，令青年人明白团队与自己的关系很重要。

活动十： SWOT 达人

目的： 协助青年人建立自我反思的生活习惯。

人数： 多少不限

时间： 15 分钟

地点： 室内外皆宜

物资： ·"SWOT 达人"工作纸

　　　　·笔

流程： 1. 各人按工作纸的指引，安静填写，检讨在之前活动中：

　　　　· Strength：发现自己有什么可发挥的长处

　　　　· Weakness：了解自己要改善的地方

　　　　· Opportunity：我学习到什么

　　　　· Threat：明白什么会令自己陷于困境、挑战或试探

　　　2. 完成后各人轮流宣读。（主持人可按时间分配决定宣读多少项）

经验之谈：

· 这个活动不可以独立存在，通常在进入"实践"阶段便开始使用，也可以作为"自我成长"阶段的经验整理活动，总之按你需要，因为你最明白这些青年人的特性和需要，对吗？

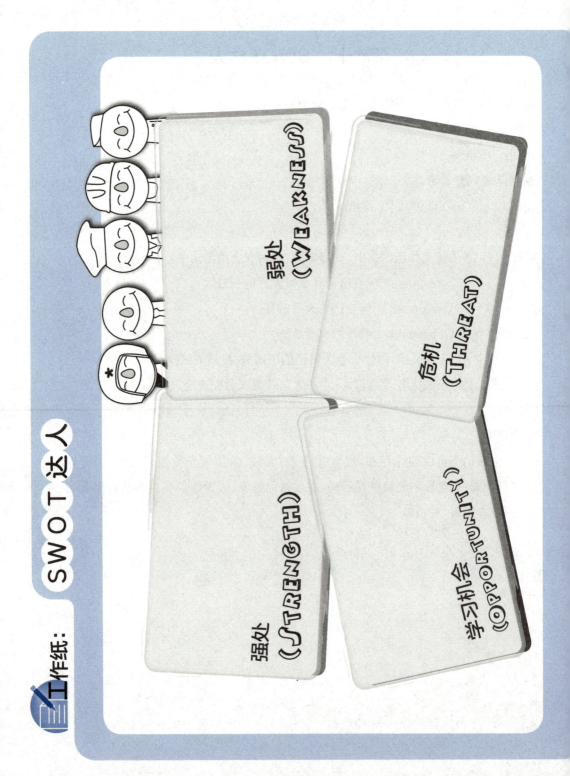

活动十一：　我的左右脚

目的： 协助青年人建立自我反思的习惯。

人数： 多少不限

时间： 15 分钟

地点： 室内外皆宜

物资： "左脚及右脚"工作纸/贴纸、笔

流程： 1. 各人按左右脚工作纸的功能，安静填写自己的目标及自我检讨。

- 左脚：为未来一段时间订立的实践目标。（例如一星期、两星期或一个月）

- 右脚：检视及评估之前的目标实践情况。

2. 当青年人第一次填写时，只须填写左脚工作纸（订立目标），而在下一次（可能是一星期后），才评估左脚工作纸上的目标，将检讨写在右脚工作纸上；经过评估及调整后，再在一张新的左脚工作纸上，填上未来一段时间的实践目标。

经验之谈：

- 过往我们每星期进行一次，青年人开始时只订下空洞不具体的目标，例如：下星期要做好一点、早点睡、早点起床不再迟到等。工作者需在旁引导，例如要求他澄清：做好什么事？早点睡即是什么时间？何时才叫早起床？有什么方法帮自己起床等等，一段时间后，青年人就能掌握订立具体可衡量目标的方法。

- 建议活动长期进行，不但可以建立青年人反思的习惯，在一段时间后更可以透过左右脚的内容发现自己的成长足迹，例如鼓励他们想想：从立志的项目了解自己的价值观、明白自己的特性；哪类型的目标总是不能达成或最易做到等。

- 每次进行评估和订立目标后，将工作纸贴上进度表（第 220 页的月份表），青年人便能了解自己高低起伏的步伐。

工作纸： 左 脚 及 右 脚

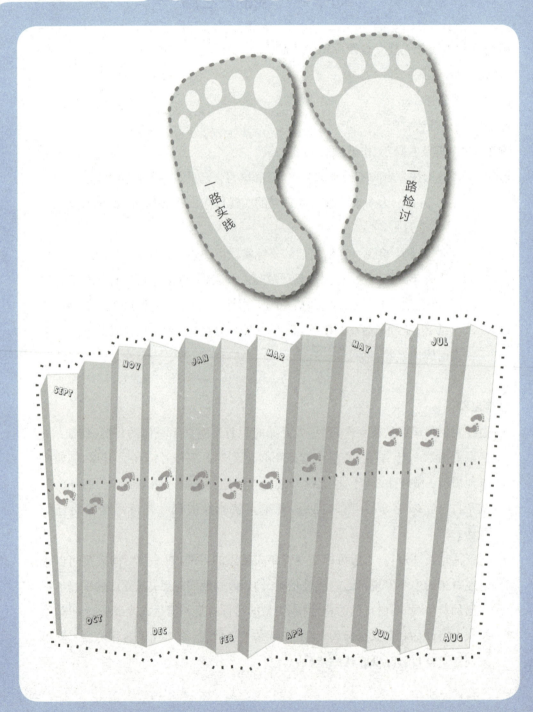

本章活动总结

由实践出发： 寻找人生真善美

李洁卿

真善美是高尚的生命素质，也是意义追求的最高层次。我们盼望青年人在"实践"阶段后，寻到生命的真善美，迈向人生最高的意义。

以真我为基础的创路身份

由"自我成长"到"实践"，青年人寻回真正的自我身份，只有以"真我"为基础，才会清楚自己的特质、渴望及生命意义，产成强而有力的内在动机，形塑创路身份。

例如在"蒙眼乐高"中，青年人获分配不同的角色种类及权限，包括不准说话的指导员（负责给予拼乐高指示的），及不准观看的工作人员（负责拼乐高），各人按自己的特质、专长及群体需要选择及分配工作。当他们清楚知道自己的真性情、喜好、能力和限制，便懂得在活动里选择最适合自己的角色（即创路身份），例如表达力较强的会当工作人员，用具体清晰的问题让指导员容易响应；由观察力较强的担任指导员，发挥得较理想及自如，他们能在活动过程保持清醒、冷静、沉着忍耐，最后与同伴互相配合完成目标。角色的错配会在混乱与迷惘中失去方向，渐渐失去存在意义，变得愈来愈低沉气馁。记得有一位青年人担任蒙眼者保管乐高，等待别人指令，因他知道自己既不善表达，性急又没耐性，假若问上几个问题得不到答案，便会按捺不住失控大叫，既影响自己情绪又乱了大局，所以宁可当等候指令的乐高保管员。

有一次在"是宝还是草"活动中,我们将一位青年人最珍惜及别具意义的手镯掉进垃圾筒,他十分激动,他所珍惜的并不是手镯的物质价值,而是背后的深层意义。这让青年人明白人生最强的动力由内在意义引发。他们若能从这角度探索创路身份,才能点燃生命的热情,提升个人意识及动机。正如一位青年人,因一次与警察倾谈,警察为他和朋友解决困境及给予鼓励,激发他立志成为一位乐于助人的警员。这位青年人发现他当警员的动机,是成为别人困境中的帮助者及鼓励者,因而当警员成为实践人生意义的途径。

善用个人资源

在"辛苦忙碌为两餐"里,青年人认识到选择工种的优次反映他们的喜好及能力,有位青年人选择户外及走动性的工种,因他觉得自己手脚灵活,喜欢跑动,享受流汗的快感和满足感;另一位女孩子一心想投身文职,活动结束后,发现与人接触的工种,可能比与文件接触的工作更适合自己,她发掘到个人才干并懂得珍惜和发挥。还有一名不喜欢动脑筋的青年人,起初二话不说选择用筷子夹弹珠的工作,最后却耐不住沉闷中途放弃。他辛苦得要死,感到既浪费时间又虚度青春,发现没有意义的工作比动脑筋更可怕。

有一次临结业时,我们以"攀高墙"作为实践阶段的团队建立活动,青年人在没有任何支持下,徒手攀上一道超过 4 米的高墙。活动看似以力取胜,但其实需要仔细及系统性的团队构思和部署,例如谁担任底层的支撑者,第二层和第三层需要怎样的人,男和女上高墙的次序安排,首先和最后上高墙的应如何部署,谁帮助谁等,每个人都是别人爬上高墙的支持。总之,没有一个是旁观者,人人都需要发挥自己的智力、脑力、手力和脚力,才能完成任务。

一位善于策划的青年人提出建议,有力气又够高的自愿站出来承托他人;有位青年人一向认为自己四肢发达,对群体毫无建树,所以一直表现得被动及沉默,这次他毫不犹豫第一位攀高墙,结果成为首位成功"登峰"的勇士,也得到群体的鼓励。任务成功在于各人都发挥所长,也愿意互相接纳。

每年在"求职广场"或"影子实习"活动中,青年人都表示从中获得了长远受用的经验,例如在模拟填写个人履历表时才发现原来不知道自己的籍贯;发现要学习写中英文住址;认识什么是咨询人、个人及小组面试的区别、面试应有的服饰、言谈技巧及举止礼仪等。即使笔试时青年人草拟一封简单信件,都是新鲜又实际的经验。这些都增加了他们进入实战场景的把握和信心,明白自己需要多做准备。

美好人生的决心

经过不同阶段,青年人进行里里外外的修复与准备,提升内在动力和信念,燃起敢梦想飞的壮志情怀,有了飞出我天地的决心和斗志。为了让这群满腔热血的青年人了解,有目标有决心不代表没有困难,总结活动"风中奇缘",青年人要付出汗水,抵住烈日当空下汗流浃背的苦,经历一定程度的"惊险"。他们都有很深刻的体验,从起初屡试屡败和泄气,最后找到可行的方法。他们深深体会到群体的重要,活动成功来自群体愿意放下自己,打破隔膜,彼此承托,经历由小我成功到大我实现的满足滋味。他们除了体会群体的作用,也提升了个人的人生意义,不但要满足自己,也要为别人的生命带来意义。

有次一位完成计划的青年人来信,除了交代近况,更兴奋地分享了一个小片段:他身边一位同事工作上遇到挫败,气馁又无助,于是他运用活动中的检讨工具跟同事讨论,最后不但为别人提供出路,也令他对自己有更深的发现和了解,这个自助助人的历程令他很有满足感。他明白这些活动工具对他,甚至对别人都有效,也领略过往累积的经验,成为自己甚至别人解决困难的资源,也是对抗逆境的能量。

一位完成计划多年的青年人,结业后在咖啡连锁集团工作,一年后升为店长,并获得杰出员工奖。然而他深知这并非人生追求的目标,于是一边努力工作一边做准备,梦想成为服务人群的消防员。首先他做了激光矫视手术,利用空闲时间做运动,锻炼身体,之后他转为兼职,并上学进修,一年后取得符合消防员入职的学历要求。可是投考之路并非一帆风顺，他屡败屡战，继续保持体能状态等待下一次公开招募。他练得一身肌肉，顺道考取健身教练资格做兼职，白天又继续进修，装备自己做更全面的发展。他盼望回来担任助手，一方面期望吸收实战经验整合白天所学的知识，另一方面期望用过去的经历鼓励师弟妹。他所走过的创路历程并不尽如人意，但清晰的目标使他没有轻易放弃。他等待时机，珍惜光阴，自我装备及开拓资源，他相信"机会是留给有准备的人"！

今天所有师徒创路学堂毕业的青年人已从模拟实践正式进入职场，开始有血有肉的体验，有的在体验中修订创路目标，有的重返校园装备自己达成更高更远的目标，有的已经从一个目标提升至下一个目标。我们相信"自我成长"、"准备"和"实践"不是过去式，现在及将来都要不断进行，青年人不断修正及聚焦于目标，人生的天空才会更辽阔、更远大。

活动者感言

最多眼泪的活动，必然是"尽诉心中情"。活动开始时，大家都很腼腆，不敢分享；之后开始有人"豁"出去，说了些令人感动的事，我分享时更哭成泪人。那一晚大家都舍不得离去。真是非常难得的经验、难得的机会。

最感动我的是导师的付出，时间、心血、耐性，一切一切，都十分感激，非笔墨所能形容。导师的耐性被我们训练得出神入化，达到难以发怒的境界。他们的教导、付出、无私，我们都难以忘记，铭记于心。

我觉得导师怀着真诚的心与青年人同行是活动中最宝贵的事。要是导师只视自己的角色为一份工作，没有以真心对待青年人，其实我们是感受到的。只要导师真诚与青年人相处同行，我们亦会将自己的心底话跟导师分享。

不同的活动都有它们的深层意义，让我们明白一些道理，深深影响参与活动的人。记得有人说过，要影响一个人很容易，但要用生命深深影响他人，却很难做到。我感到青年工作者在活动中的角色很重要，一个好导师是用心聆听、用心思了解每位学员；这样才能让学员日后铭记每个与导师相处的片段。若在活动中与工作者互相配合，对学员成长或以后的工作都会有深远影响。

后记

创路少年奇幻之旅

梁裕宏

从做人到做工

MA 一群青年人，经过整年的全人训练踏进职场，仍然要面对很多磨炼，才能将所学实践出来。2008 年，我们邀请了 12 位 2007 年的结业学员，进行一次简短的跟进，了解他们结业一年后的工作及生活状况。发现大部分受访者，在自信心方面有明显提升，个人目标也很清晰，从而能够在工作上有所坚持，不容易因小事而放弃或转工。当然也有个别结业生，未能确定人生目标，在工作和生活上仍然浑浑噩噩。

MA 将"社会认知事业发展理论"应用到青年创路历程上，强调青年人在兴趣建立、职业选取和目标订定方面，都可以担当一个主动角色。至于 MA"先学做人，再学做工"的理念，为青年人创路加上了个人性格塑造、成长创伤修复、自我效能感建立、个人目标寻索等方向。青年人经过不断尝试和实践，在经验中学习，扩展及确立自我意识，才能逐渐将创路目标聚焦，"再学做工"的工作技能训练才有实际效益。

近年很多青少年服务机构及学校都提供了"生涯规划"训练，虽然内容包含一些职场新人培训工作，但多数都倾向以职场技能训练为主[1]；加上不同单元的训练活动，会交由不同服务单位提供，培训欠缺连贯及一致性。青年人创路的一些根本性问题，如个人深层的内在动机，根本无法妥善处理。

青年人基于经济需要和际遇，可能会选择一份与自己兴趣或梦想无关的工作，假如从社会认知事业发展理论去分析，一份完全与兴趣无关的工作，会影响个人对目标的确定及开展相关行动，最终妨碍了事业建立及发展。我们期望帮助青年人寻到属于自己的职业规划，不会因目标不确定而落在"跳槽"和"找工作"的恶性循环。我们相信生涯训练的内容必须脱离只着重修复效能（efficacy）、提升技能（competency）和实践任务（task）的训练主题。

要激活青年人职场生涯的根本动力，追本溯源，离不开他们的自我价值建立和实现。综合 MA"先学做人"的精髓，就是在以下三个"P"的范畴均衡发展：

- 重修成长足迹所呈现的独特真我（Person）；
- 察觉为何而活的人生目标（Purpose）；
- 透过参与和分享，认识可以改变自己的处境（Partake）。

人际网络资源

工作间良好的人际网络有两个功能：一是职场生涯，二是心理社交。任何工作间，无论刻意或无意，总会出现师徒关系，借着与师兄、师姐和师傅交往，传递经验，得到认同，可以成长与发展。

从 2007 年结业学员的经验中，我们留意到工作间的人际关系对建立工作兴趣有很大影响。有学员按着个人兴趣，投身梦寐以求的职业，可惜因与上司关系恶劣，对工作完全失去信心，最后决定离职。离职在某个意义上，仿佛代表离开了目标，甚至所追求的梦想。随后学员决定到亲友的公司帮忙，起初她并不喜爱这份工作，认为没有学习机会，也不是自己的梦想，打算"骑驴找马"。日子久了，学员在工作间得到很多鼓励，与其他员工建立了良好关系，分享心得，上司（亲友）给予很多学习机会，令学员对工作有莫大投入感，开始主动发掘这行业的乐趣和意义。

MA 着重训练青年人的沟通和人际技巧，包括与老师、生命工作者、实习工作师傅等建立良好的人际网络。这些职场上的人际网络，并非单单传递经验，而是能帮助青年人找到工作的意义和发展的推动力，产生正面鼓励、接纳，让青年人工作时更事半功倍。另外，MA 的结业生群体，也成为他们面对工作挫折的支持。这种心理社交性的人际网络，都有助于青年人找到工作的乐趣和培育持之以恒的动力。

"生涯规划"训练，重要在给予青年人成长及实践空间。若遇到挫折或重大事故，有人从旁提点分析，青年人将更能实践，坚持不懈，向目标前行。结业之后，MA 的工作者仍与学员保持非常规接触，分享近况，了解他们面对的工作困难或迷惘。此阶段的接触不再是辅导面谈般带有指导性，而是平辈间的彼此分享与聆听，偶尔一两句提点，已能产生效用。因此，毕业后的跟进实在很需要。

创路仍待体现

一名鸽子小贩把鸽子的一只脚用绳系在木车轮子上，以防它们飞走。一名路人看见，觉得鸽子可怜，就付钱买下所有鸽子，希望鸽子能远走高飞，过自由的日子。谁知绳子解开后，鸽子依然在地上徘徊。那人虽然不断赶鸽子，鸽子却不理会。鸽子被绳子束缚久了，飞翔的本能渐渐消失，需要时间重新学习。[2]

过去的体验活动、订立目标和生活实践等，对每个青年人都有不同程度的帮助，培育他们坚毅不屈的精神、有承担的生活态度，让他们能够独立面对困难。但人生创路历程漫长，不是一年半载的训练就能让青年人实时找到人生目标和意义。本书介绍的活动，是 MA 训练中一些重要培训材料，只是点题式的培训，作为青年人事业发展的启动，帮助他们识别自我的价值，找到人生目标。

训练完结，MA 青年人带着满腔冲劲踏进职场，务求找到自己的梦想和实践目标。经过一段时间的职场体验后，会出现各式各样的问题、困难和迷惘；对自己的梦想感到含糊，失去目标，找不到方向。虽然他们投入职场一段时间，仍然是新人，在新环境仍须学习逆境坚忍、沟通技巧、未来视野……要学习很多东西。不过重要的是他们意识到职场和人生并不像"奇趣蛋"，一只蛋可以满足多个愿望。但是，同一份工作并不能满足人生所有需要，他们要在不同的领域多方参与和投入,向着自己的关注前行,渐渐可能会发觉整个世界也会联合起来帮助自己。[3]

注释

1 以"展翅计划"为例,单元一的领袖才能、纪律及团队精神训练共 80 小时,当中,绝大部分以历险活动为主。单元二的求职及人际技巧训练共 48 小时,训练都以职场为背景,以个人成长为主的训练则未包括在内。而青少年见习计划亦以职场训练为主,目标明确,旨在提升青少年的就业能力,而非个人成长造就。

2 梁永泰:《新领袖 DNA》,香港:突破出版社,2005 年,第 25 页。

3 保罗·柯艾略著,丁文林译:《牧羊少年奇幻之旅》,海口:南海出版公司,2009 年,第 35 页。